雹　　暴

周筠珺　赵鹏国　杜远谋
熊燕琳　钱鑫铭　文仕豪　赵川鸿　著

科学出版社
北　京

内 容 简 介

雹暴是可以产生降落至地面冰雹的强风暴，其中冰雹尺度通常超过 5mm，最大的直径可以达到 15cm，重量超过 0.5kg，其降落后会对地面农作物、建筑物及车辆等造成严重的危害。为了更好地了解雹暴，本书主要从雹暴天气及其灾害、雹暴的观测系统和方法、雹暴的基本物理特征、雹暴的数值模拟方法、雹暴的预警预报方法及人工消雹方法等方面系统地介绍雹暴。

本书内容翔实，理论简明，方法实用，可作为气象相关行业专业人员及大气科学类本科生及研究生的科研参考资料及教材。

图书在版编目(CIP)数据

雹暴 / 周筠珺等著.—北京:科学出版社，2019.8
ISBN 978-7-03-062031-6

Ⅰ. ①雹…　Ⅱ. ①周…　Ⅲ. ①雹暴-研究-中国　Ⅳ. ①P426.64

中国版本图书馆 CIP 数据核字（2019）第 169046 号

责任编辑：张　展　孟　锐　/ 责任校对：彭　映
责任印制：罗　科 / 封面设计：墨创文化

科学出版社 出版
北京东黄城根北街16号
邮政编码：100717
http://www.sciencep.com

成都锦瑞印刷有限责任公司印刷
科学出版社发行　各地新华书店经销
*
2019 年 8 月第　一　版　　开本：787×1092　1/16
2019 年 8 月第一次印刷　　印张：8.25
字数：195 000

定价：75.00 元
（如有印装质量问题，我社负责调换）

序　言

由于对流风暴可以产生各种强烈的天气现象，并对人类的生命财产造成严重的威胁，因此也称其为“强风暴”；其中强烈的天气现象主要包括龙卷、速度超过 26m/s 的强风或阵风、直径较大的冰雹以及持续的雷电活动。强风暴中的各类天气现象可能是单独出现，也可能是多种现象同时出现。如果这些现象中有直径超过阈值尺度的冰雹出现，也可以将这样的强风暴称为“雹暴”。

通常而言，对于雹暴的预警预测的方法包括两个部分，即雹暴潜势的预报以及对雹暴过程开始发展的判定(即预警)。具体的预警预报方法涉及利用不同尺度观测资料及数值模拟结果进行雹暴的气候背景特征的分析、天气类型的判断、预警预报参数的确定，以及雹暴过程的临近预报与短期预报等基本过程。

几乎所有雹暴过程都是深对流系统发生的结果，由暖平流、湿平流和垂直运动造成的对流层热动力结构的演变是判断雹暴发生与否的重要条件。从大气层结上看，主要包括低层至中层对流层均有足够的水汽、温度直减率的斜率较大，以及对流层中低层的抬升条件充分，简而言之，即水汽、条件不稳定与抬升。

对深对流发生的判定有以下一些典型的定量指标：1000～500hPa 相对湿度大于 45%、700hPa 温度低于 12℃、700hPa 存在 $(-3\sim3)\times10^{-3}$hPa·s^{-1} 的垂直运动。这些指标可以在一定程度上指示出对应雹暴过程发生的可能性及发展的强度。

由于冰雹尺度与其造成的危害高度相关，冰雹尺度的预报在雹暴的预警预报中也是十分重要的工作。虽然上升气流强度越大，雹暴中的冰雹尺度相应地就会越大，但是上升气流强度并非是大冰雹发生的唯一指标。不同雹暴风场结构有着较大的区别，这些差异足以影响雹胚在冰雹增长区的停留时间。另一个影响地面冰雹尺度的因子是冰雹粒子通过冻结层到达地面的融化。影响融化的因素主要有冻结层与地面之间的距离、冻结层至地面下沉气流中的平均温度，以及决定冰雹降至地面时间的云中冰雹生长的最大尺度。此外，在雹暴的发展过程中，上升气流与环境风场存在相互作用，使得气压梯度出现波动，进而使得上升气流有增加的机会，这些因素都将导致更大尺度的冰雹出现。

事实上到目前为止，准确预测雹暴的发生，进而预报降落于地面的冰雹尺度仍然是十分困难的。本书将主要从雹暴天气及其灾害、雹暴的观测系统和方法、雹暴的基本物理特征、雹暴的数值模拟方法、雹暴的预警预报方法以及人工消雹方法等来系统地介绍雹暴。

参与本书写作的主要是周筠珺、赵鹏国、杜远谋、熊燕琳、钱鑫铭、文仕豪、赵川鸿，及付丽娜。由于作者水平有限，书中错漏敬请读者赐正。

本书是在国家自然科学基金项目(项目编号：41875169)、四川省科技计划项目(项目编号：2019JDKP0046）、成都市科技惠民项目（项目编号：2016-HM01-00038-SF）、成都市科技项目（项目编号：2018-ZM01-00038-SN）、四川省教育厅科技成果转化重大培育项目（项目编号：16CZ0021）、国家科技支撑计划（项目编号：2015BAC03B00）、成都信息工程大学科研基金（项目编号：KYTZ201601）、四川省教育厅科研项目（17ZB0087）及南京信息工程大学气象灾害预报预警与评估协同创新中心共同资助下完成的，在此一并表示感谢。

目　　录

第1章　雹暴天气及其灾害

世界气象组织将雷暴、热带气旋、龙卷及雹暴列为对人类最具威胁的天气过程，在历史上这些天气过程都曾造成严重的伤亡事故。其中一些典型的极端过程如下(Cerveny et al.，2017)：1994年11月2日埃及德隆卡的雷暴天气过程(事故中雷电击中油罐，爆炸后造成469人伤亡)、1970年11月12～13日登陆孟加拉国的热带气旋(造成30万人伤亡)、1989年4月26日孟加拉国曼尼干地区的龙卷(造成1300人伤亡)，以及1888年4月30日印度莫拉达巴德雹暴(因被降落的冰雹击中造成246人伤亡)。这些极端的天气过程危害是巨大的，雹暴正是属于这类极端危险的天气过程。本章主要从雹暴的气候学特征、雹暴的天气学特征以及雹暴所造成的危害三个方面进行阐述。

1.1　雹暴的气候学特征

由于地面气象观测站相对有限，且无法实现观测上的“连续性”与完全的“一致性”，故利用地面观测资料研究雹暴的气候特征是十分困难的。在人口密度较小的国家，这种现象更加突出。Williams(1973)及Barnes (2001)等曾分析过多个国家的雹暴气候特征，发现其差异性非常明显。其研究指出，雹暴更易发生在山区，但山区多出现软雹和小冰雹，大尺度的冰雹出现得较少。这些研究多数是利用地面标准站或测雹板资料，通过对雹暴的个例研究完成的。在以往研究中还有少量的观测资料是在岛屿及船舶上取得的，研究中将霰粒子、小雹以及一些冻雨都一并统计了进去。此外，在对研究结果进行分析时还发现，城市区域内会有更多的雹暴发生，而城郊或乡村区域雹暴发生的概率较低。这并不意味着城郊或乡村区域冰雹出现得少，而是这些区域存在着一定程度的漏报问题(Dobur，2005)。

雹暴的地面观测存在以上问题，因此卫星观测雹暴就是解决此类问题的重要方法之一，特别是可以利用被动微波卫星对雹暴进行观测，并开展相应的气候特征研究。雹暴云中较大的冰相水成物粒子向上的微波辐射会使其亮温远低于其周围的温度。Cecil (2009)利用热带降雨测量卫星(tropical rainfall measuring mission，TRMM)卫星的微波成像仪(TRMM microwave imager，TMI)资料，通过研究发现随着卫星观测雹暴系统的亮温值减小，冰雹尺度则明显增加；但是单独利用亮温尚不能准确预测冰雹的尺度。卫星的37GHz通道对于识别雹暴是较为有利的，而85GHz通道有时会在极低的亮温条件下无雹暴过程出现，这与大量霰粒子或小冰雹会散射较短波长的辐射有关。

全球测量系统中除了 TMI 以外，微波扫描辐射计(advanced microwave scanning radiometer for NASA’s earth observing system，AMSR-E)也可以提供全球范围内雹暴的亮温资料。AMSR-E 的 36.5GHz 与 89.0GHz 两个通道的分辨率分别为 14km×8km 与 6km×4km。AMSR-E 搭载于 Aqua 对地观测太阳同步轨道系列卫星上，其穿越地球赤道的时间分别为当地时间 01:30 及 13:30，其观测时间为 00:00～03:00 与 12:00～15:00 两个时间段。

AMSR-E 将 89.0GHz 通道极化校正亮温(polarization corrected temperature，PCT)不高于 200K 的孤立像素点或连续像素点识别为雹暴。

微波亮温的获取与以下一些因素有关，主要是气体的吸收和发射(特别是氧气及水汽)、水成物粒子的散射以及地表的辐射传输。当改变卫星传感器的通道波长时，亮温会随着以上参数的改变而改变。当卫星进行双通道观测时，两个频率的微波受到的吸收和散射影响是相似的，因而亮温观测结果也是高度相关的。由于 AMSR-E 与 TMI 的通道频率分别是 36.5GHz 与 37.0 GHz，两个通道的差值并不大，因此，可以通过 AMSR-E 的 PCT 来计算 TMI 的 PCT，如果其中一个通道的标定有偏差，可以通过两个传感器测量结果的相关进行弥补。在进行数据处理时，为了减小日、季节以及地理上的偏差，空间分辨率设为 5°×5°，时间分辨率为日。

利用 AMSR-E 卫星观测资料分析全球雹暴活动特征之前，需要利用地面观测资料对卫星观测结果进行验证。Cecil 和 Blankenship(2012)将卫星在美国对雹暴的观测与 Doswell 等(2005)利用地面观测资料的结果进行了对比，发现二者是较为一致的。

利用 AMSR-E 卫星资料研究雹暴的气候特征可以弥补地面观测资料研究时由于地面观测标准、台站记录以及资料记录方式等不同而造成的差异。这对于缺少地面观测资料的区域而言，是一种较好的观测手段。由于利用卫星观测资料研究雹暴的气候特征有赖于亮温与地面冰雹的经验关系，因此将某一个区域的经验关系用于全球范围气候特征的研究，就存在一定的不确定性。

1.1.1 全球雹暴气候特征

AMSR-E 卫星观测资料可用于分析全球雹暴分布特征(图 1.1)。全球范围内，雹暴最多的区域是阿根廷北部与巴拉圭；其他雹暴较多的区域有美国中部地区、孟加拉国、巴基斯坦、非洲中部和西部、非洲东南部以及东亚部分地区。在这些地区多数每年都会发生数次极为严重的雹暴(Brooks et al.，2003)，除此之外，在中国的青藏高原地区与亚丁湾也有雹暴时常发生。卫星观测结果有些已得到了地面观测结果的验证，例如中国青藏高原及孟加拉国的雹暴，二者的观测结果是较为一致的(Zhang et al.，2008)；但有些区域观测结果又有些差异，在亚丁湾区域就是如此。这些差异与学者在研究时所用的资料时段各不相同有关。

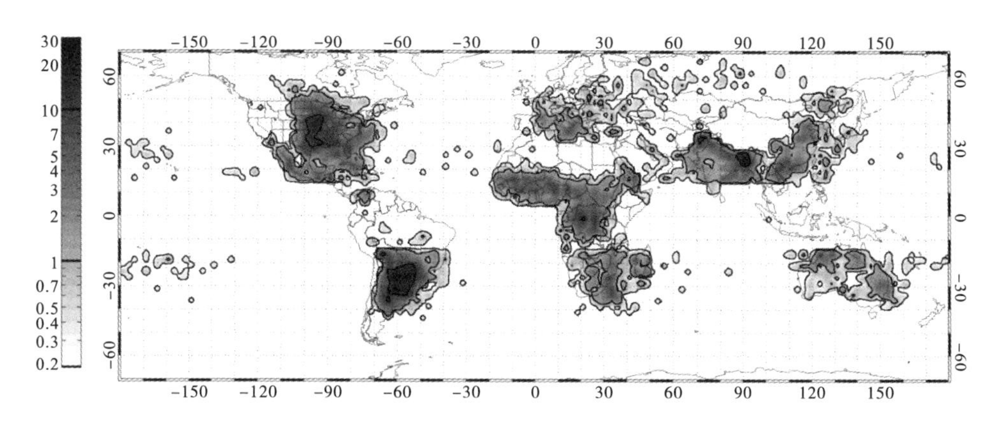

图 1.1　AMSR-E 卫星观测的全球雹暴的分布(单位：次/500km²/年)(Cecil et al.，2012)

在南半球高纬度地区很少有雹暴发生，但在北半球高纬度的加拿大与俄罗斯则有雹暴分布，纬度较高的有俄罗斯的伊加尔卡(67.3°N，90°E)，此外在芬兰(68.5°N)的拉普兰北部也有较强的雹暴(Tuovinen et al.，2009)。

1.1.2　全球雹暴年变化特征

由 AMSR-E 卫星的观测结果可知，全球范围内特定的一些区域中，在春季后期及夏季雹暴天气过程出现的概率通常是较高的。非洲的热带地区全年均有雹暴发生，且随着太阳直射点的变化雹暴发生的区域也存在纬度的变化，这也使得雹暴天气过程的峰值出现在北半球西非及非洲萨赫勒的夏季，而非洲东南部的季节峰值并不明显，其近海区域全年均有雹暴。欧洲雹暴峰值主要出现在夏季，而地中海地区的雹暴峰值主要出现在秋季，这与欧洲大陆变冷时地中海地区仍然较暖有关。

澳大利亚的雹暴主要出现在春季后期及夏季，从东海岸的布里斯班到悉尼，雹暴很少发生在早春。新南威尔士从 10 月至第二年的 2 月为雹暴季节，其中主要集中于 11～12 月。澳大利亚的雹暴在包括沙漠的广大内陆地区均可以发生。

亚洲东部的雹暴主要出现在春季，从东南亚的泰国至中国的北方地区均有雹暴出现，且集中出现于从越南的河内至中国东南沿海香港的整个沿海区域，但是地面台站的观测结果表明越南及中国香港很少有雹暴发生(Frisby et al.，1967)，这与卫星观测的结果是略有差异的。此外，中国西南地区的贵州春季也存在明显的雹暴峰值区域，这与地面观测结果一致。夏季雹暴在亚洲发生的区域从中国东部及东北部一直延伸至俄罗斯的东南端，而峰值主要出现在黄河三角洲区域。在 40°N 以北的欧洲及亚洲的整个夏季都会有雹暴发生(除了如前所述的地中海区域的雹暴主要出现在秋季)，这与地面观测站结果也较为一致。

海洋上雹暴的季节变化较小，但当活跃的温带槽穿过热带及副热带时，它会为相对暖的水域提供热动力不稳定条件及相应的触发条件，使得南太平洋的秋季与北太平洋的冬季出现雹暴。

南亚季风对于巴基斯坦与印度东部的雹暴有着重要的影响，而在这些区域有两个雹暴峰值中心，其中最大的中心在孟加拉国与巴基斯坦的北部。在3～4月雹暴集中出现于孟加拉国与印度东部；在5～6月雹暴区域扩展至包括印度奥里萨和安得拉邦的孟加拉湾及印度东北部的大部分地区；6月底雹暴开始出现在喜马拉雅山附近；在7～8月巴基斯坦北部会出现大量的雹暴；巴基斯坦东南部及整个印度的北部均存在零星的雹暴过程。

由多数各年的统计结果可知，孟加拉国的雹暴最早出现在4月1日，全年的峰值则主要出现在5月20日左右，而自6月20日左右开始明显减少。随着雹暴发生位置由东至西的变化，印度北部喜马拉雅山附近6～7月会出现较多的雹暴，有时1～3周的时间内会发生多次雹暴过程，该区域1/3的雹暴主要发生在6月20日～7月9日，而区域内一半的雹暴发生在6月20日～7月29日这一时段内。

暖湿气流在地形等的抬升作用下形成强不稳定条件是雹暴发生的基本原因。在全球范围内，雹暴主要发生于山区。除了在孟加拉国、美国中部以及南美洲的东南部，巴基斯坦的北部也有一个雹暴的强中心。一年中大多数雹暴过程集中出现在6月末～8月中旬，大约75%的雹暴出现在6月20日～8月18日这一时间段内。

在南美洲的东南部广泛分布着雹暴的多发区，主要集中于阿根廷的东北部及巴拉圭南部，而峰值集中于阿根廷查科省。初春雹暴发生的中心由巴拉圭东南部向邻近的巴西南部和阿根廷的东北部延伸。在春末和夏初雹暴出现得最多，主要出现在玻利维亚、巴西南部、巴拉圭、乌拉圭、阿根廷北部及秘鲁马德雷-德迪奥斯区的拉潘帕省。虽然整个南美洲雹暴的强中心都没有季风前期孟加拉国的多，但是南美洲的雹暴发生的范围更加广泛。夏季雹暴强中心向东南移动，巴西夏季几乎无雹暴出现，在秋冬季雹暴发生的频次迅速减少。

在北美地区，冬季与初春雹暴主要出现在墨西哥湾，春末时则会向北扩展至加拿大南部；雹暴的强中心主要位于自俄克拉荷马州至艾奥瓦州的整个区域，且主要集中出现在夏季。同样这个区域在秋冬季雹暴出现的频率迅速降低。

1.1.3 全球雹暴日变化特征

TRMM卫星观测资料适合于热带及副热带地区雹暴日变化特征的分析。通常而言，在日出后至当地时间12:00时，雹暴发生得最少；而在当地时间15:00～21:00雹暴发生得最多。在南美洲的东南部，雹暴发生的峰值时段较宽，有超过一半的雹暴发生在15:00～24:00。其他区域在当地时间21:00时很少有局地性的雹暴发生，但是在较大尺度的天气背景条件下(如MCS等)雹暴会在凌晨以后发生。南美洲东南部及孟加拉国夜间雹暴发生的比例远高于全球其他地区。

美国、非洲中部与西部以及巴基斯坦的雹暴日变化特征较为相似，其中一半以上的雹暴是在当地时间15:00～21:00发生的，不到10%的雹暴发生于当地时间06:00～12:00。巴基斯坦傍晚发生的雹暴比美国、非洲中部与西部的少，但在午夜至日出前发生的雹暴则比这些地区的多。

1.2　雹暴的天气学特征

雹暴天气过程十分复杂，通常是在不同尺度天气背景下产生的过程，各天气背景所造成的影响也存在较大的差异。雹暴可以产生强降水、直径不小于 1.9cm 的冰雹、风速不小于 $26\mathrm{m \cdot s^{-1}}$ 的大风、龙卷风以及雷电等天气现象。

几乎所有的雹暴都与深对流密切相关，深对流的发生需要以下基本条件：在对流层中低层存在足够厚的湿层、层结曲线的温度直减率大且正的不稳定能量大，以及可以使湿层抬升到自由对流高度的抬升条件。因此湿度条件、条件性不稳定以及抬升条件都是必需的，它们都会从不同的侧面影响深对流的发展。雹暴的热动力结构与对流层中暖平流、湿平流及垂直运动场等相关。

1.2.1　雹暴天气的环境条件

雹暴天气过程发展的环境条件通常是较为明确的。①有组织的上升与下沉气流的配合，其中上升气流为旋转的，避免了降水的直接影响，使得系统中的垂直风切变较强(Lemon，1980)。②系统的风暴相对螺旋度较强，抑制了湍流耗散，使得系统中的上升气流稳定且具有持续性(Droegemeier et al.，1993)。③低的抬升凝结高度与中等高度的自由对流高度相配合，对雹暴的发展是较为有利的(Markowski et al.，2002)。④对流层中部较高的相对湿度可以调节低层的出流，进而可以维持雹暴的发展[因为系统中蒸发冷却形成下沉气流，并在雹暴前方形成出流，其会截断入流，而较高的相对湿度会抵消系统中的这一过程(Gilmore et al.，1998)]。⑤天气及次天气尺度的影响因子，如雹暴移动方向与热边界层及边界层气流速度的关系等[雹暴移动方向与热边界层平行时雹暴持续时间长，垂直时则雹暴持续时间短(Maddox et al.，1980)。当雹暴的移动速度与边界层的气流速度相当时雹暴持续时间则较长(Wilson et al.，1997)]。

具体而言可以将有利于雹暴发展的因子归结于以下几类。

(1)一致的运动方向。雹暴的移动方向与边界层内气流一致，或者沿着浮力及湿度轴(偏差不超过 15°)，或者在中高层以上以与边界层的相近速度作为强迫机制。

(2)趋向于暖区。雹暴系统在广阔、温暖和浮力的区域内。

(3)趋向于浮力区。雹暴运动与边界层的水汽或浮力轴成一定的角度(15°～90°)，这将使雹暴向增加湿度或浮力的区域移动。

1.2.2　雹暴天气中产生冰雹的条件

对于雹暴而言，系统中长时间的强上升气流尤为重要，这是维持大冰雹生长的基本条件。层结中正不稳定能量引起的热浮力是雹暴系统中强上升气流的主要产生因素，且浮力越大产生大冰雹的潜力也越大。然而强上升气流并非是大冰雹形成的必要条件，大冰雹的生长受雹暴的风场结构的影响也十分明显，风场结构可以直接影响雹胚在冰雹生长区的停留时间。影响冰雹尺度的另一些因素主要是冻结层距地面的距离(通常高度较高，且比平均冻结层高度高 100～700m)、冻结层与地面之间下沉气流的平均气温、决定降落时间的冰雹初始降落尺度。在一些强雹暴天气过程中(如超级单体及飑线等多单体)，上升气流与环境风场相互作用产生波动的气压梯度力，进而也会加强上升气流速度，这种作用甚至会超过浮力对于上升气流的影响，因此在此类过程中冰雹尺度会比普通雹暴中的大。

此外，雹暴特征还包括：柱积分可降水量比月平均值高 32%～84%、68～75dBZ 的雷达回波强中心有 1～3 个、50dBZ 回波顶高度为 11～15km、差分反射率(Z_{DR})为 0～24dB、共极化相关系数(ρ_{HV})为 0.80～0.95、闪电频数峰值对于降雹有一定的指示作用。闪电频数峰值对于雹暴的指示如图 1.2 所示，图中分别给出了四次雹暴过程中闪电频数(F/min)、最多闪电辐射源高度(H_{ms})，以及 50dBZ 回波顶高(H_{50dBZ})随时间的演变，其中闪电频数峰值对于降雹的指示作用最为明显。

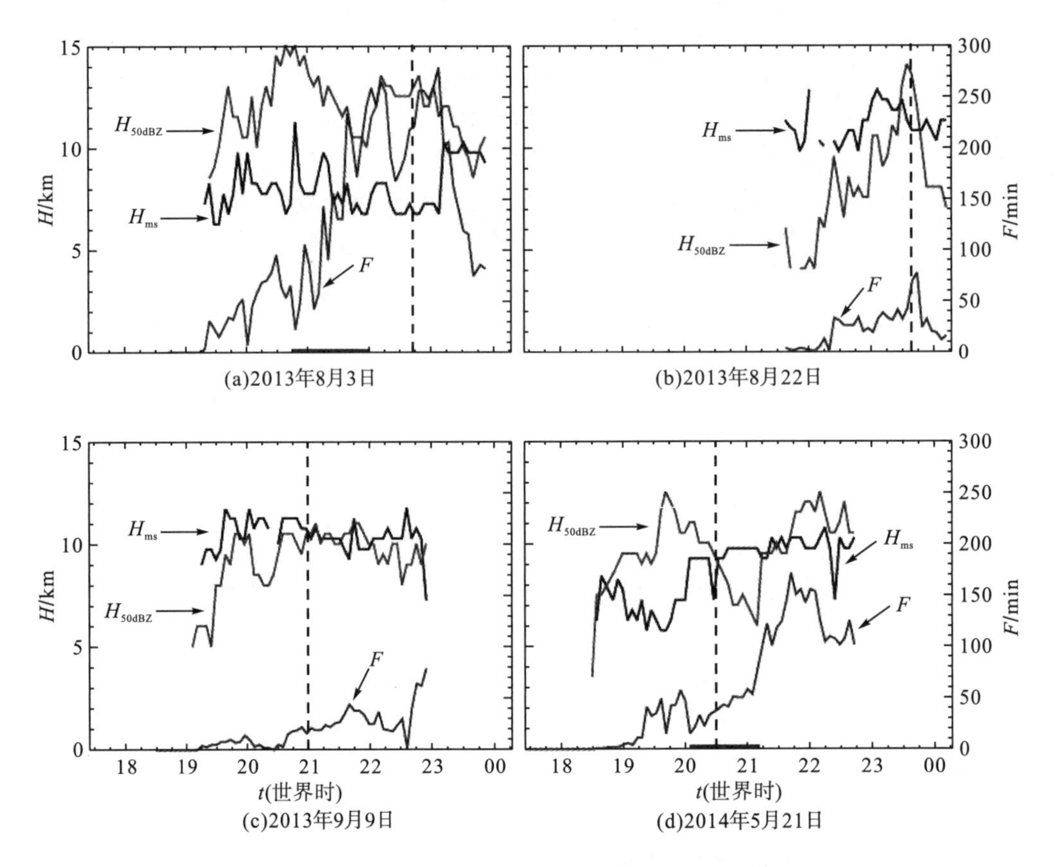

图 1.2 四次雹暴过程中闪电频数(F/min)、最多闪电辐射源高度(H_{ms})、50dBZ 回波顶高(H_{50dBZ})随时间的演变(Kalina et al.，2016)

注：垂直虚线为地面开始降雹时间。

综合利用雷达、卫星(GOES-14)及闪电定位系统对雹暴天气过程进行观测时可以发现(图 1.3)，降雹发生在临近相对快速的云顶变暖时或较短的时间之后，这表明上升气流开始减弱并激发较强的下沉气流，此时冰雹开始降落至地面。雷达的回波顶高与闪电频数可以较好地反映雹暴天气的基本过程，其峰值则可以有效指示降雹的发生。

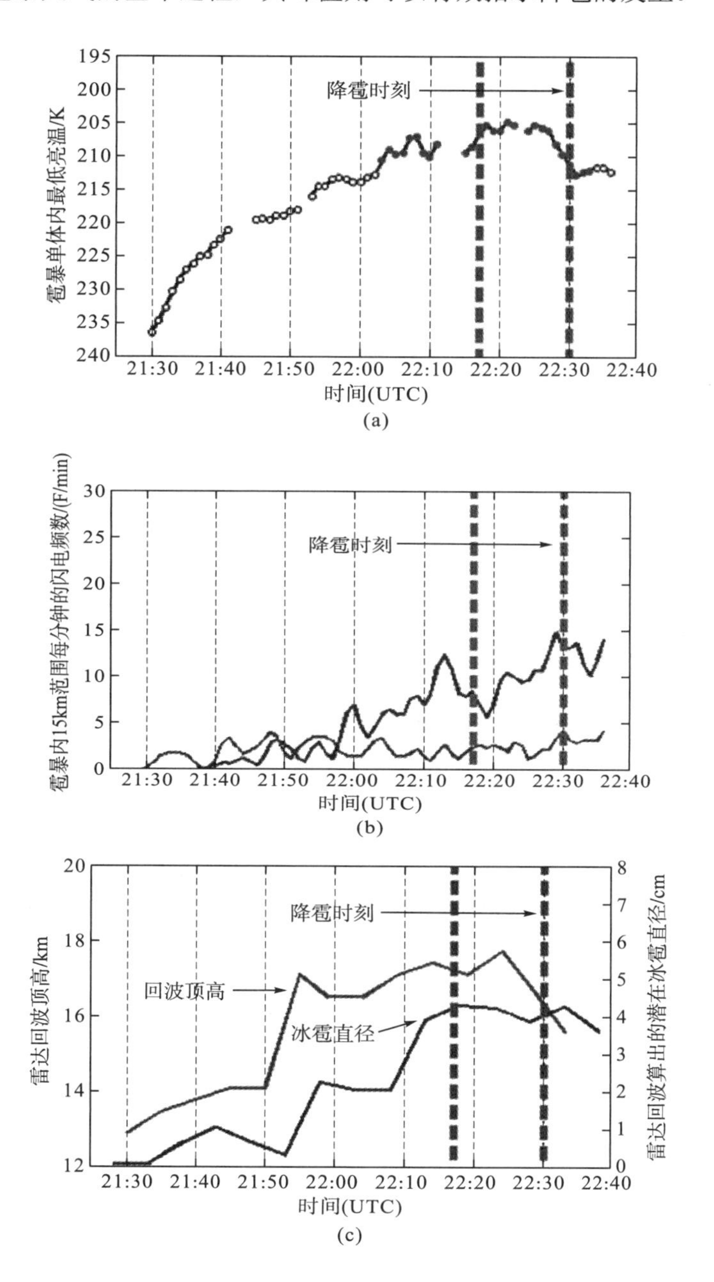

图 1.3 2012 年 8 月 16 日发生在美国密苏里的雹暴过程(Bedka et al.，2014)

注：(a)为 GOES-14 10.7μm雹暴单体的最低亮温，(b)为 ENTLN(Earth Networks Total Lighting Network，全球闪电定位网)与 NLDN(National Lighting Detection Network，美国国家闪电探测网)观测的闪电频数，(c)为雷达回波顶高与由雷达回波算出的潜在冰雹直径。

1.2.3 雹暴天气中产生阵风锋的条件

雹暴天气过程中常会发生破坏性的强风，其主要是由下沉气流底部产生的出流引发的。Fujita 等(1977)将其定义为下击暴流，其含义就是由天气系统中下沉气流所激发的破坏性强风，当下击暴流尺度小于 5km 时也被称为“微暴流”。降水与蒸发冷却造成的负浮力是引起及维持天气系统中下沉气流的主要原因(Doswell，1993)。降水时水成物粒子的拖拽作用会加速气块的下沉，单位体积的液态含水量越高，降水所形成的拖拽力就越大。当降水通过非饱和层发生蒸发冷却时，由此产生的负浮力也将明显增加。一旦在系统中形成下沉气流，不饱和空气会不断夹卷进入系统并蒸发；夹卷主要发生于 3～7km 的高度，系统周围相对较干的空气加强了下沉气流的强度。系统中较高的单位体积的液态含水量、较小的液滴尺度以及较大斜率的温度直减率都会增强系统中的蒸发冷却过程。其中前两个因素决定了可供蒸发的总的液态水含量，而第三个因素可使下沉气块下降时负浮力得以维持。下沉气流传输的水平动量可以增强出流，通常下沉气流夹卷区的环境风越强，其对出流贡献的潜力就越大。

在雹暴系统阵风锋的预报中，需要对上升气流及下沉气流的不稳定进行区别。首先，上升气流是否稳定取决于气块湿绝热上升与环境的温差，因此气块的湿度是必须保证的，其可以确保气块湿绝热上升，而高的湿绝热直减率可使气块与环境的温差较大，降水形成的拖拽力会使正浮力逐渐消失。其次，下沉气流的不稳定可产生负浮力，而降水的拖拽与负浮力结合会增强下沉气流。事实上不稳定上升气流是饱和的，而不稳定下沉气流可能是饱和的也可能是不饱和的。如果非饱和气块下沉，就需要较高的温度直减率；如果饱和气块下沉，则有充足液态水可供蒸发。否则，下沉的气块通过绝热加热会比环境空气热，进而迟滞其下沉。因此指示上升气流不稳定的参数并不能指示下沉气流的不稳定。

1) 在弱切变环境下的阵风锋

当环境风切变较弱时，大气层结的热动力特征是判断对流何时可能引起阵风锋的主要依据。在弱环境风场下可以产生强出流阵风锋有两类情况，分别是“倒 V 型”及“高湿型”。两种类型的阵风锋通常都发生在夏季的午后和傍晚。

“倒 V 型”是从地面到对流层中层存在一个深的干绝热层，其低层很干，在深的干绝热层之上是对流层中部的湿层。这种干微暴通常是与较高的自由对流层高度相联系的，此类层结对于上升气流而言为边缘不稳定，因此在这样的条件下发展的对流通常较弱，且呈脉冲式，其中的电活动也较弱。这种层结多发生于少动或准静止的天气背景下。

“高湿型”是从地面到 4～5km 的高度范围内湿度均较高，而在湿层之上相对湿度则较低。当白天地面加热时，干绝热层可以发展到 1.5km 的高度，则此时的层结为弱至中度潜在不稳定，且逆温不明显或不存在。这种条件下的湿微暴也有脉冲式的特性，时常也发生于少动或准静止的天气背景下。

2) 在中等及强切变环境下的阵风锋

如果从地面经中层向上存在中等或较强的垂直风切变时，对流风场的预报就变得较为复杂。除了大气层结的热动力特征，环境风场与天气类型对于破坏性大风的发展也有重要的影响。随着垂直风切变的增强，深对流会发展成自维持对流系统(出流会不断地激发产生新的单体)，这样的系统可以产生明显的破坏性大风。

在中等及强风切变环境中，产生破坏性大风的对流系统的雷达回波结构主要为弓状回波，其尺度明显比孤立的单体回波大，有时也会包含嵌入其中的超级单体环流，并在其中产生龙卷以及强的阵风锋。弓状回波的尺度在 15～150km，具体结构见图 1.4。

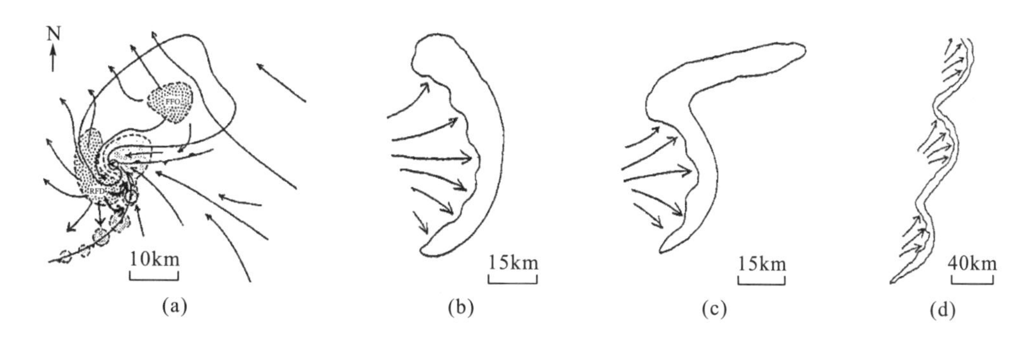

图 1.4 四种典型的弓状回波

注：(a) 超级单体镶嵌其中的弓状回波与下沉气流 (Lemon et al., 1979)；(b) 相对较大的弓状回波与下沉气流 (Johns et al., 1992)；(c) 北部有暖平流的弓状回波与下沉气流 (Smith，1990)；(d) 飑线弓状回波与下沉气流 (Johns et.al.，1992)。

与弓状回波的发展有关的天气主要有两类，即暖季型与动力型。暖季型主要发生在春末至夏季的前进下击暴流族，对流活动主要沿着准静止边界发生于低层的暖平流区域中。其一旦形成，弓状回波即会沿着边界移动，但通常会向平均气流的右侧偏移。动力型则主要在外延飑线的作用下下击暴流族而产生，此类过程在全年都会发生，通常是与向前移动的低压系统相联系的。

1.2.4 雹暴天气中产生龙卷的条件

龙卷可以被分为两类，即与超级单体有联系的及与超级单体无联系的。超级单体中最易产生各等级的龙卷。以下是产生龙卷的三种条件。

(1) 雹暴入流层的旋转潜力。当入流层的深度与自由对流层的高度一致，雹暴入流层中的流向涡(水平涡矢量与气流平行)将导致上升气流的旋转，并在 2～3km 的高度速度快速增加。有两个因素决定入流层的旋转潜力，即正平均切变及相对螺旋度。其中，正平均切变估算的是入流层与速度图中直线及右旋相关的平均切变；相对螺旋度的识别区域较大，可以较好地指示龙卷。

(2) 雹暴入流强度。雹暴低层的入流强度是强旋转气流发展的关键因子。入流强度与雹暴的运动及入流层风的方向和强度有关。环境风对于雹暴入流的贡献可通过入流层平均风矢量减去与雹暴运动有关的对流层平均风矢量估算。估算值越大，雹暴运动范围就越大，这将为强旋转提供充足的入流。此外也可通过计算估算或观测到的雹暴运动矢量与入流层平均风矢量的差值来判断雹暴的入流强度。

(3) 对流层中部的切变强度。对流层中部充分的风切变对于超级单体的发展至关重要，这主要有两个原因，即可以通过增加雹暴的相对气流将降水从上升气流中移开，以及较深的切变与雹暴上升气流相互作用激发垂直的气压梯度波动（可增强上升气流的强度）。此外，对流层中部的切变会影响雹暴的运动，因此也会间接地影响雹暴入流的强度。

雹暴下沉气流中的出流强度是龙卷产生的重要因子，下沉气流中出流的蒸发冷却使得其于低层产生对涡度有贡献的斜压，这对于龙卷的产生是至关重要的。但是如果出流太强也将最终导致龙卷的消亡。下沉气流对空气的夹卷对于弓状回波破坏性大风的产生及龙卷的发展都是十分必要的。

天气分型特征的判断对于龙卷的预报是至关重要的。典型的龙卷暴发的天气分型特征是超强运动的温带气旋（图 1.5），其具体配置是高层急流轴与中低层最大风速相联系，且中低层最大风速接近，而垂直风廓线有利于超级单体的发展。如果与之相联系的高空短波槽快速移动，或槽为后倾槽，抑或槽前有明显的高空分流，龙卷发生的可能性会增加。这些天气因素有利于天气尺度向上的垂直运动、强温度直减率、低层水汽快速流入以及强垂直风切变同时发生。

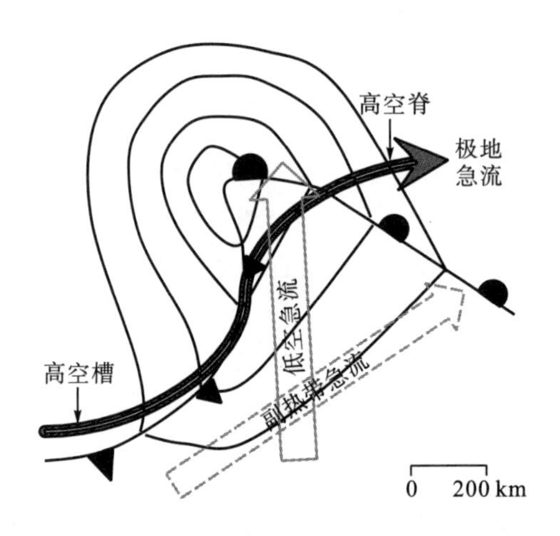

图 1.5 中纬度地区利于雹暴发生的天气形势（Barnes et al.，1986）

当所有的这些条件都满足时，就达到了 Doswell 等（1993）所称的“天气明显”或“强龙卷”发生日。事实上，多数龙卷发生时并不是所有的天气条件都很强，可能只有几个条件较强。除了以上的天气型，还有所谓非典型的“暖平流型”及“冷低压/锢囚锋型”。在“暖平流型”中，龙卷发生在准静止或暖锋边缘，其运动方向与中层气流一致；与之相联系的短波槽通常较弱或呈中等强度。“冷低压/锢囚锋型”通常是与高空冷低压或其附近的锢囚锋相联系的。如果不稳定度足够大，龙卷就会发生在雹暴过程的高空低压附近。

1.2.5　雹暴天气特征的基本监测与预警

对于雹暴天气特征的监测，除了常规的地面及探空等手段之外，还包括雷电活动监测、飞机测风、多普勒雷达、风廓线雷达及加密自动站等的监测。此外，建立区域的中尺度地面监测网也是十分必要的，这有利于雹暴全方位无缝隙的监测，即不存在时间及空间上的空白。通过对这些监测资料加工后可以制作相应的雹暴预警产品，而数值模式的输出产品也为雹暴的预警提供了大量的资料。在应用这些方法和资料时，需要进行必要的评估和管理，以便更好地解释应用。在这个过程中需要对气象条件进行准确的分析，并利用天气尺度及中尺度数值模式及时预报雹暴关键时刻的各主要变量。

1.3　雹暴所造成的危害

雹暴过程中存在明显的冰雹、强风、雷电及强降水等天气现象，且多数能造成严重的灾害，尤其是冰雹和强风可以对植被造成毁灭性的破坏。

1.3.1　典型的雹暴灾害

雹暴对植被的破坏在很长一段时间内都能在诸如 GOES-8 卫星可见光图片上清晰地被看到。这里将通过一个卫星在 1996 年于美国达科他州西南部比尤特至米德的雹暴过程前后可见光图片差异来分析雹暴过程在地面对植被所造成的破坏(图 1.6)。此次雹暴过程中，其抬升指数为-6～-10，对流有效位能为 2500～4000J/kg，雹暴相对环境螺旋度为 $233m^2 \cdot s^{-2}$，整体理查德森数为 29。如图 1.6(b)所示，一条由雹暴对植被造成破坏的亮带

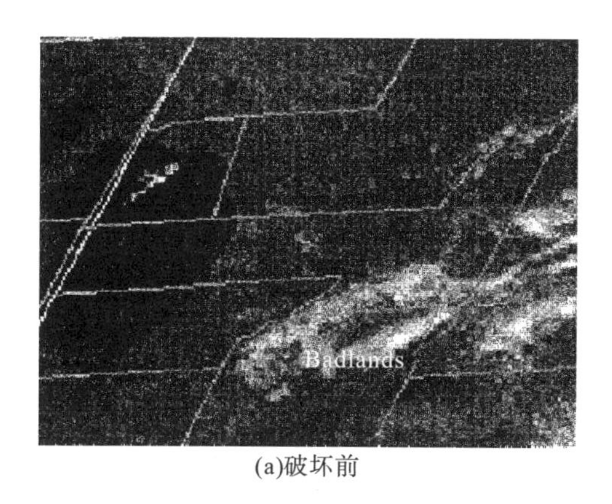

(a)破坏前

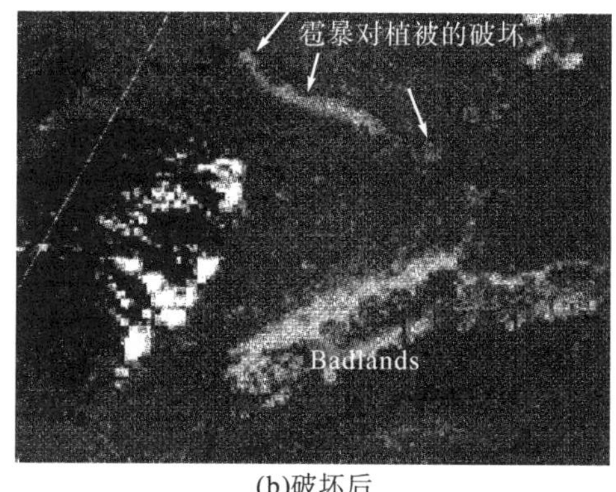

(b)破坏后

图 1.6　雹暴过程在地面对植被所造成破坏的 GOES-8 可见光图片(Klimowski et al.，1998)

清晰可见，受破坏的区域范围为 120km×11km，通过地面调查发现该区域内所有的牧草与作物都因大于 5cm 冰雹和超过 50m/s 的强风而被彻底摧毁，冰雹和强风不仅摧毁了竖立着的植被，也破坏了农用土地，使得土壤中的作物根系完全暴露出来。区域内树木的树叶多数已脱落，不足 1cm 的树枝也被完全折断。在其中几个受灾点，原本长势良好的农田在强雹暴的作用下已变成光秃的土地。此外，由于雹暴杀死了多数的昆虫和鸟类，使得该区域陷入空前的死寂。

其他的损失报道还包括：马、牛、羊等家畜大量伤亡，房屋内墙被冰雹砸击出拳头大的洞，上百根的电线杆被折断，小建筑物、汽车及农机具被损毁。图 1.7 为图 1.6 卫星图片植被破坏区域附近及区域内不同损毁程度的玉米地。

(a)中等强度破坏

(b)极端强度破坏

图 1.7 在卫星图片植被破坏区域附近及区域内被损毁的玉米地(Klimowski et al.，1998)

虽然通过分析卫星观测图片判定雹暴在地面所造成的损失并不是唯一的方法，但是该方法已在多个雹暴过程中得到了有效性的验证。

历史上曾经记录的造成经济损失最为严重的雹暴天气之一的是 2001 年 4 月 10 日发生在美国堪萨斯州与伊利诺伊州之间的一次以长生命期超级单体为主的过程(Changnon et al.，2002)，其持续时长接近 8 小时，在 585km 的路径上降下直径 2.5～7.5cm 的冰雹，造成了超过 15 亿美元的保险损失，堪比一次严重的飓风过程。这次过程损失巨大的原因主要有：冰雹降落的范围大、大尺度冰雹与强风共同作用，以及大冰雹降落在都市区域。损失主要是冰雹砸坏住宅、建筑物和车辆造成的(特别是建筑物窗户、屋顶、侧墙以及天窗等)，此外还包括飞机的损毁及航班的延误。

1.3.2 雹暴的建筑物致灾因子

雹暴天气过程中有多个建筑物致灾因子，这些因子不仅与雹暴天气过程有关，而且与作为承灾体的建筑物也有密切的关系（Changnon et al.，2009）。通过野外观测与室内实验室测试可知，具体的雹暴的建筑物致灾因子主要如下。

（1）建筑物材料。通过实验室测试可知，对沥青油毡瓦造成破坏的冰雹最小直径为2.52cm，对混凝土瓦而言则为5.08cm，而野外观测值比实验室的测试值略低一些（Marshall et al.，2002）。

（2）建筑物材料的使用时间。建筑物材料在自然界会受到诸如高温、冻结与融化、风、水、紫外辐射等多种因素的影响，屋顶沥青油毡瓦有时要经受82℃的高温，这些极端的温度会使其更加脆弱，因此使用时间较长的此类建筑物抵御冰雹的能力大为减弱（Herzog，2012）。

（3）屋顶材料的等级。屋顶材料有些划分了耐冲击等级，有些则没有。通常而言高等级的屋顶材料会减少雹暴造成的损失。按照美国建筑物标准，一等材料可抵御直径为3.18cm的冰雹，而四等材料可抵御直径为5.08cm的冰雹（Approvals，2005）。

（4）风速与风向。在风速较低的雹暴天气过程中，冰雹接近垂直下落，其主要破坏的是建筑物屋顶。当雹暴出流较强时，冰雹下落就不再垂直于地面（Changnon et al.， 2009），将会更多地造成墙面及门窗的损坏。此外高风速还会增加冰雹的动力，这将增加冰雹的破坏力。

（5）建筑物的遮蔽。如果建筑物有一部分被树木或更高的建筑物遮蔽，将减少其冰雹损失；如果农田附近也有类似的遮蔽物，其冰雹损失也会相应地减少。

（6）冰雹的尺度与密度。通常将冰雹直径为2.54cm定义为灾害性冰雹阈值尺度，即冰雹直径超过这一阈值会造成严重的灾害。冰雹尺度及密度越大，其动能也会越大，造成的危害也会越大。

（7）冰雹的硬度。不同类型雹暴天气过程产生冰雹的硬度有较大的差异，硬度越大则造成的损失也会越大。雹暴作为典型的灾害性天气过程在全球都有广泛的分布，其中的物理过程复杂，因而需要持续深入的研究。

参考文献

Approvals F M，2005. Specification test standard for impact resistance testing of rigid roofing materials by impacting with freezer ice balls（FM 4473）[J]. FM Approvals，West Gloucester，RI：10.

Barnes G，2001. Severe local storms in the tropics[J]. Meteorological Monographs， 28（50）：359-432.

Barnes S L，Newton C W，1986. Thunderstorms in the Synoptic Setting. Thunderstorms：A Social，Scientific，and Technological Documentary. Vol.2：Thunderstorm Morphology and Dynamics [M]. 2nd ed. Norman：University of Oklahoma Press：75-111.

Bedka K M，Wang C，Rogers R，et al.，2014. examining deep convective cloud evolution using total lightning，WSR-88D，and GOES-14Super rapid scan datasets*[J]. Weather & Forecasting，30（30）：571-590.

Brooks H E，Lee J W，Craven J P，2003. The spatial distribution of severe thunderstorm and tornado environments from global reanalysis data[J]. Atmos. Res.，67 & 68：73-94.

Cecil D J，2009. Passive microwave brightness temperatures as proxies for hailstorms[J]. J. Appl. Meteor. Climatol，48：1281-1286.

Cecil D J，Blankenship C B，2012. Toward a global climatology of severe hailstorms as estimated by satellite passive microwave imagers[J]. Journal of Climate，25(2)：687-703.

Cerveny R S，Bessemoulin P，Burt C C，et al.，2017. WMO assessment of weather and climate mortality extremes：lightning，tropical cyclones，tornadoes，and hail[J]. Weather Climate &Society，9(3)：487-497.

Changnon S A，Burroughs J，2002. The tristate hailstorm：the most costly on record[J]. Monthly Weather Review，131(8)：1734-1739.

Changnon S A，Changnon D，Hilberg S D，2009. Hailstorms across the nation：an atlas about hail and its damages[J]. Materials Science-Poland，33(2)：213-240.

Dobur J C，2005. A comparison of severe thunderstorm warning verification statistics and population density within the NWS Atlanta county warning area[C]// Preprints，Fourth Annual Severe Storms Symp.，Starkville，MS，East Mississippi Chapter National Weather Association and Amer. Meteor. Soc.，D2：6.

Doswell C A I，Weiss S J，Johns R H，1993. Tornado forecasting：a review[J]. Washington D C American Geophysical Union Geophysical Monograph，79：557-571.

Doswell C A，Brooks H E，Kay M P，2005. Climatological estimates of daily nontornadic severe thunderstorm probability for the United States[J]. Wea. Forecasting，20(4)：577-595.

Droegemeier K K，Lazarus S M，Davies-Jones R，1993. The influence of helicity on numerically simulated convective storms[J]. Mon. Wea. Rev.，121：2005-2029.

Frisby E M，Sansom H W，1967. Hail incidence in the tropics[J]. J. Appl. Meteor.，6：339-354.

Fujita T T，Byers H R，1977. Spearhead echo and downburst in the crash of an airliner[J]. Mon. Wea. Rev.，105：129-146.

Gilmore M S，Wicker L J，1998. The influence of midtropospheric dryness on supercell morphology and evolution[J]. Mon. Wea. Rev.，126(4)：943-958.

Herzog R F，2012. RICOWI hailstorm investigation program report[R]. RCI Interface，RCI Inc.，Raleigh，NC，November：33-40.

Johns R H，DoswellC A，1992. Severe local storms forecasting[J]. Weather and Forecasting，7：588-612.

Kalina E A，Friedrich K，Motta B C，et al.，2016. Colorado plowable hailstorms：synoptic weather，radar，and lightning characteristics[J]. Weather and Forecasting，31(2)：663-692.

Klimowski B A，Hjelmfelt M R，Bunkers M J，et al.，1998. Hailstorm damage observed from the goes-8 satellite：the 5-6 July 1996 butte-meade storm[J]. Monthly Weather Review，126：831-834.

Lemon L R，1980. Severe thunderstorm radar identification techniques and warning criteria[J]. NOAA Tech. Memo，NWS NSSFC-3：60 .

Lemon L R，Doswell C A，1979. Severe thunderstorm evolution and mesocyclone structure as related to tornadogenesis[J]. Mon. Wea. Rev.，107：1184-1197.

Maddox R A，Hoxit L R，Chappell C F，1980. A study of tornadic thunderstorm interactions with thermal boundaries[J]. Mon. Wea. Rev.，108：322-336.

Markowski P M，Straka J M，Rasmussen E N，2002. Direct surface thermodynamic observations within the rear-flank downdrafts of nontornadic and tornadic supercells[J]. Mon. Wea. Rev.，130：1692-1721.

Marshall T，Herzog R，Morrison S，et al.，2002. P3.2 Hail damage threshold sizes for common roofing materials[C]// 21st Conf. on Severe Local Storms，San Antonio，TX. Amer. Meteor. Soc：95-98.

Smith B E，1990. Mesoscale structure of a derecho-producing convective system：The southern Great Plains storms of May 4,

1989[C]// Preprints，16th Conf. Severe Local Storms，Kananaskis Park，Alberta，Canada，Amer. Meteor. Soc：455-460.

Tuovinen J P，Punkka A J，Rauhala J，et al.，2009. Climatology of severe hail in finland：1930-2006[J]. Mon. Wea. Rev.，137：2238-2249.

Williams L，1973. Hail and its distribution[J]. Studies of the Army Aviation（V/STOL Environment），Army Engineer Topographic Laboratories Rep. 8，ETL-SR-73-3：27.

Wilson J W，Megenhardt D L，1997. Thunderstorm initiation，organization，and lifetime associated with Florida boundary layer convergence lines[J]. Mon. Wea. Rev.，125：1507-1525.

Zhang C，Zhang Q，Wang Y，2008. Climatology of hail in China：1961-2005[J]. J. Appl. Meteor. Climatol.，47：795-804.

第2章 雹暴的观测系统和方法

严重的冰雹常常对建筑物、农业和车辆造成相当大的损害，造成巨大的经济损失和保险损失。因此，雹暴的观测和提前预警尤为重要。雹暴的观测系统主要为雷达、飞机和卫星，这些观测系统按照高度可分为地基、空基、天基三种类型。不同高度得到的观测内容有所不同，雷达多以地面远距进行观测，得到雹暴的强度、移动路径及三维结构等显著特征；飞机通过近距离观测获得雹暴内部的大量细节信息；卫星由上及下的观测方式得到更多的云顶及云状特征。这些观测系统为雹暴的结构、生命史等各项研究和监测预警方面提供了一系列帮助。

利用雷达对雹暴的观测最早出现在20世纪50年代末。早期的单偏振雷达观测中，雹暴的具体位置，结构特征，强度、移动路径以及其发展、成熟再至消亡的过程均可通过雷达回波进行反映。多普勒雷达发展成熟后，得到的径向速度和速度谱宽数据能够定量探测大气流场结构，进一步加深对雹暴三维结构的理解。其后出现的双偏振雷达则基于冰雹与其他水成物粒子的回波强度和回波偏振特性差别，提供关于雹暴中粒子形状、尺寸、热力状态和空间分布等信息，进而可以研究云中冰雹的形成机理、生长区位置以及风暴结构等特征。直到近期，非传统雷达天线机械转动方式的相控阵天气雷达出现，它将体扫周期从6分钟缩减至1分钟以内，其精细化探测对雹暴的应急监测能力改善显著。

飞机对雹暴的观测最早出现于20世纪60年代。与雷达的远距观测不同，飞机这种深入内部的观测方式更为直接，可采集大量的实测数据，通过搭载各项传感仪器可获得温度、压强、空气速度、粒子尺寸等一系列数据，与雷达观测相辅相成，验证雹暴垂直气流的分布特征等。

卫星观测能够提供地面台站没有覆盖的偏远地区的天气信息，因此其是监测全球气候的完美工具。目前的星载系统一般为辐射传感器和雷达。通过辐射传感器主要进行可见光、红外及微波辐射的观测。通过可见光、红外及微波遥感资料可获得云状、云顶温度、云光学厚度(云高)等一系列特征，并能有效监测云系移动和发展衰亡过程。由于可见光观测局限于白天，红外遥感不能穿透云雾，微波辐射观测优于红外和可见光观测。此外，微波辐射遥感资料反演得到的偏正校正温度以及星载雷达回波顶部反射率高值区的云顶温度能够有效地定量识别雹暴。

2.1 雹暴的地基观测系统和方法

雷达作为雹暴最主要的观测系统，具有较高的时空分辨率和较高的精度。探测降水的气象雷达按波长主要划分为 S 波段(10cm)雷达、C 波段(5cm)雷达、X 波段(3cm)雷达；按偏振性质划分为单偏振雷达、双偏振(线偏振)雷达以及圆偏振雷达等；按波束扫描方式可分为常规机械扫描雷达和相控阵电子扫描雷达；除此之外，还有多普勒雷达。不同波长衰减程度不同，X 波段雷达探测过程中衰减程度最大，但分辨率较高；S 波段衰减程度相对较轻，但精度不如 X 波段；C 波段则中和了二者的优缺点。多普勒雷达的出现进一步加深了对雹暴的流场结构信息的了解。这些早期的雷达电磁波发射方式都属于单偏振，随着技术的增进，双偏振、圆偏振雷达在单偏振雷达原先的观测基础上增添了对雹暴中粒子识别的功能。最新出现的相控阵雷达由于扫描方式的改进，其相较常规机械扫描雷达强化了实时监测功能。

20 世纪 50 年代，Donaldson(1958)首先使用 X 波段雷达发现了冰雹的发生与回波高度和最大反射率值密切相关。此时的大量研究主要利用回波强度完成对雹暴风暴强度、垂直结构及发展成熟衰亡过程的认识。20 世纪 70 年代出现的多普勒天气雷达利用了回波相位与发射相位之间的变化，除回波强度外还能记录径向速度、速度谱宽等信息，在一定程度上反演出风暴移速、垂直气流速度的分布以及湍流情况等，对雹暴流场结构的认识更为准确。20 世纪 80 年代，研究进一步发现冰雹与降水可通过回波偏振信息区分，双偏振雷达的粒子识别业务展开，其为云中粒子尺度、雨-雹形状分布和冰雹的具体演化过程提供了更为精确的数据，在雹暴识别方面具有无法比拟的优势。目前多普勒双偏振雷达为识别雹暴和预警冰雹发生的主要手段，被称为新一代天气雷达。

此阶段的普通天气雷达、双偏振雷达和新一代天气雷达均为机械扫描方式，体积扫描周期一般为 6 分钟。由于强风暴中的对流单体往往变化迅速(几分钟内就能由普通单体发展为雹暴单体)，突发性和局地性很强，现有的雷达尚不能很好地满足雹暴天气发生发展的监测和预警服务。20 世纪 90 年代军用相控阵雷达改为气象观测用，主要探测雹暴、龙卷等。相控阵雷达的电子扫描方式区别于机械扫描的天线机械转动，以大量辐射器(小天线)和移相器完成波束的转动，具有扫描速度快、时空分辨率高的特点，能探测到高精度的雹暴三维结构和发展演变情况，并能很好地识别雹暴这类快速移动变化的强天气，大大提升了雹暴预报的业务水平。目前投入使用的相控阵天气雷达数量还较为稀少，但主流认为，今后增加双偏振功能的相控阵雷达将完成对新一代天气雷达的替换。

天气雷达技术的发展成熟使气象人员对雹暴三维结构以及发展、成熟、衰亡一系列过程有了充分认识，及时的探测时效和稳定精确的回波数据成为雹暴监测预警的有效工具。本书将针对雹暴观测中各雷达主要工作原理和基本参数进行介绍。

2.1.1　单偏振雷达(反射率因子 Z_H)

常规雷达由定时器、发射机、天线、天线传动装置、天线转换开关、接收机和显示器等几部分组成。发射机产生电磁能量后，由天线以电磁波的方式向外辐射。遇到可导电的目标物时，辐射波的电磁场使其粒子极化，感应出复杂的电荷分布和电流分布，并会产生向外辐射的散射波，这种散射波沿着与辐射波相反的路径被天线接收，称为目标物的后向散射，接收机将此放大，并最终在显示器产生回波标志，也就是雷达回波信号。常规天气雷达只能提取回波强度这一个信息量，用反射率因子 Z_H 表示：

$$Z_H = \sum\nolimits_{\text{单位面积}} D_i^6 \tag{2.1}$$

其中，D 为降水粒子直径。

反射率因子 Z_H 的大小，反映了气象目标内部降水粒子的尺度和数密度。

雹暴的早期观测是用雷达反射率因子进行的。通常，气象目标物粒子个体越大，后向散射越强烈，目标物聚集越多，回波信号越强。雨滴直径一般为 0.5～6mm，雹胚及降雹直径则普遍为 5～10mm，显然，同一距离情况下，冰雹比降雨更容易产生更强的回波。一般来说，当冰雹收集大量的过冷水滴时，冰雹的生长最大化，这种情况最常见于剧烈的上升气流上部。大量的观测和实验结果都已表明，雹暴顶的回波反射率值普遍比一般对流云大，回波高度也更高。例如，Donaldson（1959）发现，反射率因子值超过 50 dBZ 同时高于 12.2km 风暴单体中 50%存在冰雹。Donaldson（1961）研究雹暴中雷达反射率随高度的变化，发现在新英格兰产生大冰雹的雹暴产生的回波通常高出对流层顶约 1.5km，但雷雨云和只产生小冰雹的雹暴的回波高度通常无法穿透对流层顶。

云内最初冰雹增长时，水汽凝结体的直径是 0.4～0.5cm，由雷达气象方程和 Marshall-Palmer（1948）雨滴谱指数分布关系式推导得出冰雹云初期等效雷达反射率因子为 44 dBZ。由于雷达以 5 dBZ 分档，为方便使用，以 45 dBZ 作为冰雹预报的临界值。其识别方式为：45 dBZ 出现在 0℃层以下时，该强回波区由直径大于 0.4 cm 的大水滴组成，以降雨为主；45 dBZ 出现在 0℃层以上时，为直径大于 0.4 cm 的冰粒子和水粒子混合存在；若云内上升气流较大时，45 dBZ 高度继续升高，当上升气流到达云体的中上部时，雹暴发生的可能性较大。

针对这一特点，Waldvogel 等（1979）提出具体的雹暴识别方式，即通过反射率高值区的回波高度与 0℃等温线的高度间的距离来区分雹暴和雷雨云。他们选择的标准是，如果 0℃等温线 1.5km 处出现 45dBZ 波，通常意味着有冰雹的存在。Holleman 等（2000）进一步提出，利用雷达探测到大于 50 dBZ 的回波高于 0℃等温线 3～5km 这一方法对于冰雹探测有很高的准确性。Miller 等（1988）发现高于 0℃等温线 3～5km 的高度对应-10～-30℃的高度，即广为接受的冰雹生长区，可验证此标准的科学性。

Kessler（1983）和 Atlas（1990）提出了使用雷达反射率垂直剖面的雹暴识别标准。随着对流风暴的强度和降雹概率的增加，高空等效雷达反射率的最大值 Ze_{max} 及其与地面 Ze 值的比值增加，可根据阈值进行雹暴识别。此法仅适用于 S 波段雷达，因为大冰雹属于米散射范围，其他波段观测雹暴衰减非常显著。但由于地域差异导致雹暴特性不同，这种方法探测雹暴还是存在大量的不确定性。

雹暴回波强度分布还在一定程度上探明了雹暴的三维结构，由此衍生了一系列特殊的回波结构、回波特征，往往可作为识别雹暴的重要参考物。

在平面显示 PPI 中，雹暴具有如表 2.1 所示的几种回波结构。

表 2.1　平面显示 PPI 中雹暴的特殊回波结构

钩状回波	第一个钩状回波是 1953 年观测到的，它们通常是超级单体风暴回波型的一种识别标志。钩状现象出现在雹云的发展阶段，表现为风暴主体向着低层入流方向伸出一个类似于钩状的附属物，又称入流缺口，与强上升气流有关。在钩的位置处回波强度梯度很大
“V 型缺口”	由于云中大冰雹、大雨滴等大粒子对雷达回波的强衰减作用，雷达探测时电磁波不能穿透主要的大粒子(冰雹)区，在大粒子(冰雹)区后半部形成所谓的“V 型缺口”。其顶端的强回波区域内是发生冰雹的主要区域。但这种现象主要出现在 X 波段雷达观测中，S 波段雷达电磁波衰减程度较小，不易看到
辉斑回波/三体散射雹钉(three body scatter spike，TBSS)	天气雷达在探测强烈雹暴时常常会出现一种回波假象，这是由于冰雹(强回波中心)和地面的多次反射使电磁波传播距离变长，产生异常回波信号，回波返回所用的额外时间被雷达显示成更远处的回波，表现为从冰雹云中沿强回波中心径向方向延伸出去的尖峰状回波。其长度与核心雹区面积及强度正相关

在距离高度显示 RHI 中，雹暴的垂直剖面具有如表 2.2 所示的几种回波特征。

表 2.2　距离高度显示 RHI 中雹暴的特殊回波结构

回波顶	雹暴的强回波顶的高度往往超过了普通风暴类型。这是由于雹暴中的上升气流特别强，对流发展最为旺盛，上层的冰雹区反射率较大，形成的云顶高度较高
弱回波区(weak echo regions，WER)/有界弱回波区(bounded weak echo regions，BWER)	最早发现于 20 世纪 60 年代(Browning，1965)，是雹暴的一种很容易识别的反射率特征。气象学术语将其定义为与强上升气流相关的几千米宽的弱反射率区域，通常出现在强雷暴的中高层(地表以上 3～10km)。上升气流足够强，水成物通常几乎无法充足生长，从而解释了在雹暴的低到中层反射率低的原因。上升气流的侧面可能含有较多的水成物，使弱回波区域被较高的反射率值“包围”，周围的强回波区为回波墙和悬挂回波
悬挂回波	由上升气流支撑起的含水量累积区，冰雹和过冷水滴大量存在，小冰雹在此循环上升生长，表现为强回波区。位于穹窿之上及回波墙的前沿
回波墙	冰雹在此集中降落，形成了陡直状强回波区，故称回波墙，分布在钩状回波(或弱回波区)附近。这里的强回波是由后向散射能力很强的大冰雹所造成的
旁瓣回波	目标物后向散射的电磁波能量集中在雷达天线的主瓣方向内，即主瓣用于探测目标。旁瓣回波太弱，通常意义上是无用的。但由于雹暴中的冰雹形成区(含水量累积区)的回波非常强，会被天线旁瓣方向接收，表现为在回波顶上的一处尖锐回波

单纯基于一个单波长雷达探测到的回波强度存在很多缺陷，如不能指示雹区位置，不能反映雹块尺寸，不能反映雹粒演变和云中雹源位置随时间的变化。为此双波长雷达探测技术被提出并得到发展。

Atlas 等(1961)指出，在不同波长上工作的几个雷达扫描同一雹区时，反射率有明显的差异。反射率的差异来自米散射的波长依赖效应。观测表明，冰雹的存在可以通过比较两个不同波长获得的反射率推断出来。当厘米级的冰雹的存在使米氏共振效应在较短的波长上显著时，观察到的两种波长的反射率就会有所不同。双波长雷达利用这一原理来探测冰雹。$Z_m(r)$ 是沿雷达波束距离 r 观测到的雷达反射率因子的对数，可定义为

$$Z_{m\alpha}(r)=Z_{\alpha}(r)-2\int_0^r a_{\alpha}(r)\ \mathrm{d}r \tag{2.2}$$

其中，$Z_\alpha(r)$ 是在无衰减情况下可观测到的等效雷达反射率因子；$a_\alpha(r)$ 是综合所有衰减原因(气体、云、雨、雹)的衰减系数。

下标 $\alpha=l$ 对应于最长的波长，$\alpha=s$ 对应于最短的波长。由于雷达的波段不同，这两个

波长衰减程度不一致，通过双波长方法的表征参数——双波长比(DWR)表示出来，其定义为

$$\mathrm{DWR}=y(r)=Z_{ml}(r)-Z_{ms}(r) \tag{2.3}$$

即

$$\mathrm{DWR}=y(r)=\left[Z_l(r)-Z_s(r)\right]-2\int_0^r\left[a_l(r)-a_s(r)\right]\mathrm{d}r \tag{2.4}$$

其中，在瑞利散射条件下，$Z_l(r)=Z_s(r)$，$y(r)$的径向变化仅取决于式(2.4)右侧积分表示的累积差分衰减；在米散射情况下，$Z_l(r)\neq Z_s(r)$，即式(2.4)的左侧表示的反射率差值不为零。

因为$Z_l(r)$和$Z_s(r)$之间的差异会导致y变化的原因模糊不清，选择一对波长时，为了使非瑞利项作用最小化，并使差分衰减项最大化，采用了10～3cm波长组合(分别为S和X波段)，并使用了$y(r)$的径向变化$\mathrm{d}y/\mathrm{d}r$这一概念，使10cm的衰减系数α_l与3cm的衰减系数α_s相比，是可以忽略不计的(Atlas et al.，1961；Eccles et al.，1973)。当降雹直径大于1cm时，符合米散射条件。由于冰雹在10 cm波长处的后向散射截面比在3cm处更大，所以在冰雹体前部y的增加速度更快，而在冰雹后部的y值下降得更快。雨滴的直径一般为0.5～3mm，强对流性降水的雨滴直径可以超过4mm，但最大不超过6mm，否则自行破裂。此处考虑大多数的雨滴都符合瑞利散射条件，对于雨滴而言，$Z_l(r)\approx Z_s(r)$，$\mathrm{d}y/\mathrm{d}r$表示在3cm处衰减系数，即有$y(r)$随r单调增加。因此，$y(r)$随r的正变化可归因于高含水量区域导致的衰减，负变化则与大尺度冰雹有关。$\mathrm{d}y/\mathrm{d}r$值为负，表明冰雹的大小大于1cm。

然而，这并不能确定冰雹带的最远边界，因为$\mathrm{d}y/\mathrm{d}r$值因冰雹大小或冰雹周围的水膜厚度与雷达相对距离变化而发生变化(Jameson et al.，1978)。该方法得到的冰雹信号不清晰，并且难以获得较高的精度。此外，上述的双波长方法使用了一个双波长雷达系统，即设置在一个共同的基座上的两个同位雷达，在同时测量等方面存在困难。

因此，Laurent 等(2003)考虑利用两个相距较远的单波长雷达构成双波长进行雹暴探测。由于米散射效应和“雷达-目标”距离在一种雷达与另一种雷达之间是不同的，该方法利用S波段和C波段大冰雹的反射率差异，首先从各雷达资料中计算出冰雹区平均反射率因子与周围雨区平均反射率因子的比值，这种处理方法避免了由雷达特性和“雷达-目标”传播条件引起的偏差。第二步测量每个波长下冰雹相对于雨的相对反射率。S波段雷达与C波段雷达冰雹的单元相对反射率的比值构成了双波长冰雹比(dual-wavelength reflectivity hail ratio，DWHR)，其表示为

$$\mathrm{DWHR}=100\frac{\left(Z_{冰雹}^{10\mathrm{cm}}\right)/\left(Z_{雨}^{10\mathrm{cm}}\right)}{\left(Z_{冰雹}^{5\mathrm{cm}}\right)/\left(Z_{雨}^{5\mathrm{cm}}\right)} \tag{2.5}$$

Laurent(2003)绘制双波长冰雹比(DWHR)与冰雹直径的关系曲线如图2.1所示。

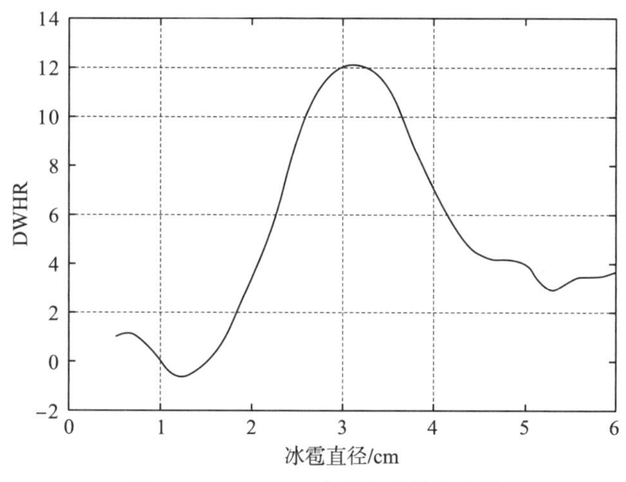

图 2.1　DWHR 与冰雹直径关系曲线

仅对于雨，即对于瑞利散射目标，DWHR 在 1 左右，而在大尺寸冰雹存在下，即非瑞利散射体时，DWHR 大于 1。目前的方法被称为“DWHR 方法”。当冰雹直径大于 2cm 时，DWHR 开始显著增大，3cm 左右时达到最大，雹块为更大尺寸时则减小。

将 DWHR 参数与测雹网络提供的地面冰雹报告进行比较，显示 DWHR 冰雹探测与地面观测之间具有非常好的定性一致性。结论表明，DWHR 方法具有冰雹检测的潜力。然而，双波长方法对两个波长的天线方向图匹配以及较短波长的衰减效应非常敏感(Rinehart et al.，1982)，为了避免双波长方法带来的技术挑战，现阶段，双偏振雷达参数在识别冰雹方面更为成熟。

2.1.2　双偏振雷达

由于冰雹属于非瑞利散射体，在目前的雷达波长范围内，散射体的大小和散射强度之间没有简单的关系，基于反射率因子这一参数并不能很好地识别出冰雹的存在。研究发现电磁波除了具有强度特性，还具有偏振特性，随着具有复杂的水成物分类识别冰雹能力的双偏振雷达的出现和覆盖范围的增加，新的冰雹探测方法应运而生。雷达电磁波发射分为水平波(H)和垂直波(V)，接收也分为 H 和 V，单偏振雷达为(HH)或者(VV)，就是水平发射水平接收或垂直发射垂直接收；双偏振是指在一种偏振模式的同时加上了另一种偏振模式，如(HH)水平发射水平接收和(HV)水平发射垂直接收。双偏振雷达探测技术在对流风暴监测、粒子相态识别方面有广泛的应用潜力，其应用的主要参数有差分反射率因子 Z_{DR}、冰雹差分反射率 H_{DR}、线性退偏振比 L_{DR}。

1) 差分反射率因子 Z_{DR}

Seliga 等(1976)指出，自由下落的冰雹和雨滴之间固有的平均形状差异将具有可测量的后向散射效应。具体来说，直径超过 1.5mm 的雨滴，由于重力、空气动力学和表面张力效应的共同作用，呈扁状形状，其主轴近似于水平方向(Pruppacher et al.，1970)。相反，由于冰雹粒子在下降过程中呈翻滚状态，没有规则的取向分布，因此，扁圆形雨滴的水平线性极化(*H*)时后向散射截面要大于垂直线性极化(*V*)，而冰雹的 *H* 和 *V* 后向散射截面几乎相等。Seliga 等(1976)提出了差分反射率 Z_{DR} 来反映 *H*、*V* 后向散射差，其表达式为

$$Z_{DR}=10\log_{10}(Z_{HH}/Z_{VV}) \tag{2.6}$$

其中，Z_{HH} 为水平极化时的反射率，Z_{VV} 为垂直极化时的反射率。

因此，扁圆雨滴将产生正的高 Z_{DR} 值，而 Z_{DR} 的低值等于零表示冰雹的存在。因此可以根据此参数特征来区分是固态降雹还是液态降雨。雹暴的回波图中通常表现为一个正 Z_{DR} 柱，该柱在约 40 分钟准稳态周期内是持续的。冰雹的显著增长通常发生在正 Z_{DR} 柱或正柱上方的位置，呈现一个 Z_{DR} 低值或零值帽区(Conway，1993)。

双偏振雷达的 Z_{DR} 参数能够较精确地反映出滴谱中大小降水粒子比例的变化，可得到雹粒性质、雹区位置和雹粒的具体演变等有效信息，使雹暴的探测进入定位、定强度的阶段。然而，Z_{DR} 这个冰雹特征物通常在融化层消失。Illingworth 等(1987)指出，在对流回波中低于冻结高度的部位(即雨雹混合区)，0dB 的 Z_{DR} 值的优势不再存在。

2) 冰雹差分反射率 H_{DR}

Aydin 等(1986)开发了冰雹差分反射率 H_{DR} 参数来区分 Z_{HH}、Z_{DR} 空间中的冰雹和雨水。其定义为

$$H_{DR}=Z_{HH}-\int(Z_{DR}) \tag{2.7}$$

其中，

$$\int(Z_{DR})\begin{cases}=27 & (Z_{DR}\leqslant 0\text{dB})\\=19Z_{DR}+27 & (0<Z_{DR}\leqslant 1.74\text{dB})\\=60 & (Z_{DR}>1.74\text{dB})\end{cases}$$

H_{DR} 可表征冰雹的存在。Depue(2007)绘制了 H_{DR} 定义的雨雹分界，如图 2.2 所示。

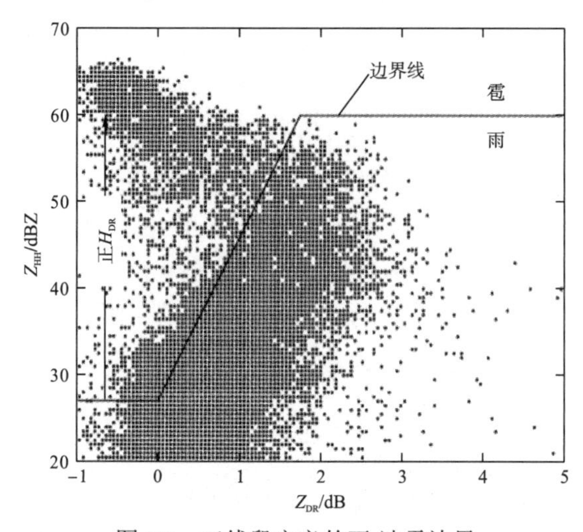

图 2.2　三线段定义的雨-冰雹边界

由图 2.2 可知，位于雨边界垂直上方的 Z_{HH}、Z_{DR} 组合，H_{DR} 是正的，即这种具有大的 Z_{HH} 反射率和相对小的 Z_{DR} 值的组合表示冰雹。

起初，H_{DR} 提供关于冰雹大小的信息、潜在损害等的额外信息的能力相对较少。随着研究深入，Brandes 等(1998)发现，H_{DR} 大小与观测到的冰雹直径之间存在正相关关系，为雹暴的观测提供了有用的定量信息。特别是当 H_{DR} 达到 21dB 时，可能存在 NWS(National Weather Service，美国国家气象局)定义的大冰雹(直径 19mm)。而损害住宅结构和车辆的冰雹与 $H_{DR}>30$dB 有关。这些阈值细化了之前 H_{DR} 与冰雹大小之间的相关性标准。但 H_{DR} 也会对冰雹大小识别错误，这往往与软雹有关。T-matrix 散射模型计算表明，这些 H_{DR} 误报可能是由于湿增长的冰雹经常产生更大的反射率。但总体而言，从关键成功指数和 Heidke 技能得分来看，H_{DR} 阈值用于识别大型和破坏性冰雹的能力优于仅使用 Z_{DR}。

3) 线性退偏振比 L_{DR}

理想球形散射体只能形成单一偏振电磁波，不存在退偏振效应。非球形粒子散射过程中，电磁波的偏振状态会发生变化，所产生的主分量能够与后向散射电磁波形成差异性的正交分量，能够对偏离球形状态给予准确地反映，即退偏振效应。退偏振往往与发射波的偏振形态以及频率有关，也与散射粒子的性质(如介电常数、体积以及几何形状等)有关。由于绝大部分云内水成物粒子为非球形，并且雹块和雨滴的轴在空间分布上优势取向不同，体积和几何形状存在差异，所以可利用该原理识别冰雹。采用的参数为退偏振比 L_{DR}，其为目标物散射的电磁波的偏振波与全偏振波之比，L_{DR} 定义为

$$L_{DR}=10\log_{10}(Z_{VH}/Z_{HH}) \tag{2.8}$$

其中，Z_{VH} 是交叉极化反射率(发送 V 和接受 H)。

雹胚多数为非球形冷冻颗粒(即毫米直径的冷冻滴或颗粒)。由于它们的空气动力学特性，冰雹颗粒可能具有各种轴比情况。这些粒子的倾角在其生长过程中经历了大量(几十次)的偏移(Spengler et al.，1972)。不对称形状和旋转运动使发育中的冰雹的后向散射雷达信号的交叉极化分量增加(Herzegh et al.，1992)，从而提高 L_{DR} 值。如果这些冰雹遇到良好的生长条件，使其体积密度增加，无论是通过更高的冰气比，还是通过未冻结的液态水的增加，所产生的介电常数的变化将进一步放大退偏振信号。随着冰雹形成的时间增加，冰雹直径增大，冰雹生长后期的质量增加速率应趋于最大。如果这种加速的质量吸收增加了冰雹密度和含水量，那么在冰雹生长过程的后期，L_{DR} 增强的可能性就会越来越大。通常情况下，雨区 $L_{DR}<-25$ dB，雹区 $L_{DR}>-25$ dB。

冰雹的 L_{DR} 特性很可能受到冰结构中水的数量和空间分布的严重影响，因此 L_{DR} 与冰雹直径相关性不明显。例如较大直径冰雹更容易偏离球形和表面较不规则，此特征可以导致较大的 L_{DR} 值。然而，小型冰雹有时也会产生相当大的 L_{DR} 水平，这是因为 L_{DR} 也受到冰雹密度和液态水含量(冰结构内部和外表面)的显著影响(Aydin et al.，1986)。当冰雹直径超过 2.5～3cm 时，低 L_{DR} 值(小于−25 dB)并不常见。因此，在大的正 H_{DR} 区域内同时存在 L_{DR} 大值有助于确认大冰雹的存在。

Heymsfield 等(1980)研究表明，一个小冰雹成长为一个大冰雹需要在上升气流中有7min 的停留时间。在冰雹生长过程的最后 10min，雹块达到最大直径后，S 波段的 L_{DR} 值增强才可能首次出现。通常表现为 S 波段 L_{DR} 值从约 0℃层高度位置处起明显增大，大于−25 dB。特别是随着地面降雹阶段的迫近，L_{DR} 值大于−25 dB 的范围明显增加，出现在大于 50 dBZ 回波的扩展区域内，其属于 0～27℃的环境温度，L_{DR} 的增强可能是由于生长的冰雹中的水含量增加或在湿生长条件下形成液态水膜所致。

由于最初探测到明显的退偏振回波增大区与地面降雹之间存在一个约 10 min 的时间窗。雷达体扫时间分辨率在 6 min 左右，L_{DR} 增强会突然出现的情况，一般在冰雹发生前不超过两次。因此可以利用增强的 L_{DR} 区域来发出降雹预警(Conway et al.，1993)。

Hubbert 等(1998)提出，一个发展中且从正 Z_{DR} 柱的顶端迅速降落的“LDR 帽区”意味着可能正在进行的冰雹生长过程。但并非所有近地表的高 Z_{HH}-低 Z_{DR} 回波模式都有高空的 L_{DR} 增强区域。然而冰雹报告中雹暴无 L_{DR} 增强区域的，地面冰雹始终是小的、无害的。因此，在雷暴回波核心的部分区域中检测到增强的 L_{DR}，可以确定很有可能产生破坏性冰雹的风暴。现有的研究表明，在潮湿的环境中发生强对流生长时，通常会观察到正的 Z_{DR} 柱(Bringi et al.，1997)。所暗示的更大的上升水分含量也将对 L_{DR} 场的演变产生重要的影响。上升气流中水分含量的增加也可能会促进生长中的冰冻水合物中水分含量的增加，从而趋于使 L_{DR} 增加。

Z_{DR} 主要是反映水平方向和垂直方向上粒子尺度的差异，与 Z_{DR} 相比，L_{DR} 在冰晶粒子的形状和取向等方面提供了更精细的数据，具有更好的指示意义。

2.1.3 圆偏振雷达

20 世纪 60 年代末出现了高精度双通道分集天线圆偏振天气雷达。Mccormick(1968)的研究表明，利用短波长雷达圆偏振波的退偏振比可以较好地识别云中冰晶粒子的形状和取向。通常以目标物对圆偏振波散射的圆形退偏振比(C_{DR})作为相关参数，C_{DR} 定义为

$$C_{DR}=10\log(P_{CLL}/P_{CLR}) \quad \text{或} \quad 10\log(P_{CRR}/P_{CRL}) \tag{2.9}$$

其中，P_{CLL}(P_{CRR})为目标对发射左(右)旋圆偏振波回波的正交分量；P_{CLR}(P_{CRL})为目标对发射左(右)旋圆偏振波回波的主分量。对于球形目标，$C_{DR}=-\infty$。

C_{DR} 受目标物密度与变形程度的影响，不受空间取向的影响，此特征是圆偏振雷达与线偏振雷达之间最主要的区别。由 C_{DR} 可知粒子的形状特征和热力相态，再利用粒子形状与其尺度间的关系，推导粒子的大小。通常较大雨滴多呈扁椭球形。单纯由水滴组成的云体的退偏振比不会很大，大约是−20dB。不过如果在云体中出现冰雹，由于冰雹偏离球形可以很大，相比圆球形，椭球形、圆锥形等非球形雹块占大多数，显然雹区的退偏振量要比雨区大得多，通常在−10～−5dB。Barge(1970)发现 S 波段雷达测得的 C_{DR} 值的增加与直径大于 3cm 的冰雹有关。Browning 等(1976)在弱回波区(WER)上方的悬挂回波区发现

C_{DR} 增强，表明此处有冰雹生长。

但研究还发现，当在光束路径上出现中强降水时，差分传播效应使入射圆极化辐射变成椭圆极化，在偏离雷达波束轴向处的电磁波偏振性能较差，故通常变形较小的粒子将不能被雷达所识别，因此用圆振技术识别非球形粒子的应用有限。只有当众多非球形粒子达到较大尺寸后成为足够不规则体才能够在雷达上反映出来，使 C_{DR} 的精确测量变得困难(Humphries，1974)。

综上所述，相较反射率因子 Z_H，这些参数可以得到水成物粒子的形状、尺寸大小、相态分布、空间优势取向以及降水类型等更为具体的信息。使探测混合区不同相态降水的比例以及区分不同降水粒子的类型成为可能。同时，冰雹的有效识别提高了对雹暴的监测能力。

2.1.4　多普勒雷达

多普勒雷达以多普勒效应为基础。目标物的后向散射回波和雷达的发射波相比，既有强度的变化，也有相位信息的变化，这是因为水成物粒子相对雷达波束有相对运动时，散射回来的接收信号与雷达发生信号频率之间存在差异。多普勒天气雷达可通过接收到的振幅(即强度)信息和相位信息，得出反射率因子、径向速度 V 和速度谱宽等基本数据，从而除测得回波强度外，还可以测定散射体相对于雷达的速度，在一定条件下反演出大气风场、气流垂直速度的分布以及湍流情况等。

径向速度 V 定义为目标物运动平行于雷达径向的分量。它反映的是目标物在雷达径向上朝雷达移动或离开雷达的速度。利用平均径向速度图可以对容易出现雹暴的中尺度气旋进行识别，其明显的特征为一组方向相反的密集等风速线。代表了雹暴中强烈下沉气流引起的向外辐射的地面强风与支撑强上升气流的向雷暴低层辐合的环境风之间的阵风锋。

相比早期的普通天气雷达仅利用回波强度完成雹暴的三维结构分析，多普勒雷达不同仰角的径向速度图对雹暴的动力结构、垂直气流分布、高低层流场特征探测的更为细致充分。不少研究基于多普勒雷达观测资料提出了各类型雹暴单体更为清晰的三维概念模型。

多普勒雷达中的垂直积分液态水含量 VIL 参量也能作为雹暴的指示量。Kitzmiller 等(1995)发现垂直柱中的雨水强度与总冰水含量之间有着明显的对应关系，因此，提出了垂直积分液态水含量作为强对流的指示。雹暴过程中降雹前后的 VIL 会呈现显著变化：雹暴的发生发展阶段中，VIL 值稳定增大；成熟阶段 VIL 值会陡然增加，然后趋于稳定，峰值对应降雹时刻，然后骤然减小，地面表现为大风。

2.1.5　新一代天气雷达

现阶段，双线偏振雷达扩展多普勒探测能力是主流趋势，被称为新一代天气雷达。它综合了双偏振雷达和多普勒雷达的探测能力，可获得目标物相对雷达运动产生的相位差和偏振信息，除能得到 Z、Z_{DR} 和 L_{DR} 参数外，还能得到水平和垂直偏振信号的双程差分传播相位变化 Φ_{dp} 和零滞后互相关系数 $\rho_{HV}(0)$，由此又可导出差分传播相移 K_{DP}。这些反映相位信息变化的参数同样可以判断目标物的差异。

双程差分传播相位变化 Φ_{dp} 表示水平偏振波和垂直偏振波引起相位变化的差值，Φ_{dp} 定义为

$$\Phi_{dp}=\Phi_{HH}-\Phi_{VV}=\arg[(S_{VV}S_{HH}^{*})]+2\left(k_{H}^{r}-k_{V}^{r}\right)r* \tag{2.10}$$

其中，*为复数的共轭；S_{VV} 为目标物后向散射回波的垂直偏振分量；S_{HH} 为水平偏振分量，其大小与目标物的大小、形状和性质有关，还与目标的距离有关；k_{H}^{r} 为不同目标物对水平偏振波的衰减系数；k_{V}^{r} 为不同目标物对垂直偏振波的衰减系数，它们都是距离的函数。

差分传播相移 K_{DP} 表示不同偏振分量在传播路径上因传播系数不同引起的相位变化，K_{DP} 定义为

$$K_{DP}(r)=[\Phi_{dp}(r)-\Phi_{dp}(r-\Delta r)]/2\cdot\Delta r \tag{2.11}$$

其中，r 为距离。K_{DP} 可作为非球形粒子对不同偏振方向雷达波传播相位或传播速度差异的量度，能够反映出非球形雨滴的扁平状况，并且具有受衰减的影响小的优点。

零滞后互相关系数 $\rho_{HV}(0)$ 为水平偏振回波信号与垂直偏振回波信号之间的相关系数，$\rho_{HV}(0)$ 定义为

$$\rho_{HV}(0)=(S_{VV}S_{HH}^{*})/[(S_{HH}^{2})(S_{VV}^{2})]^{0.5} \tag{2.12}$$

Liu(2000)提出 Z_H、Z_{DR}、K_{DP}、ρ_{HV}、L_{DR} 各参数阈值，如表 2.3 所示。

表 2.3 降水粒子的各参数阈值

降水粒子类型	Z_H/dBZ	Z_{DR}/dB	K_{DP}/[(°)·km^{-1}]	ρ_{HV}	L_{DR}/dB
毛毛雨	<25	0	0～0.03	>0.97	<-34
雨	25～60	0.5～4	0.03～0.6	>0.95	-27～-34
湿雪	<45	0～3	0～2	0.8～0.95	-13～-18
干雪	<35	0～0.5	0～0.5	>0.99	<-34
大密度的雪	<25	0～5	0～1	>0.95	-25～-34
小湿雹	50～60	-0.5～0.5	-0.5～0.5	>0.95	<-20
大湿雹	55～70	<-0.5	-1～1	>0.96	-10～-15
干霰	45～50	-0.5～1	-0.5～0.5	>0.99	<-30
湿霰	45～55	-0.5～3	-0.5～2	>0.99	-20～-25
雨夹雹	50～70	-1～1	0～10	>0.9	-10～-20

单独采用某一种参数往往会有限制或存在误差，因此降水粒子类型可综合 Z_H、Z_{DR}、K_{DP}、ρ_{HV}、L_{DR} 参数进行识别，但水成物粒子的雷达参数阈值范围往往存在交叉重叠，并不是互相排斥和唯一的。通过查表获得水成物粒子类型，这一过程将视经验而定，并且不能在合理时间处理大量的雷达数据，识别效率低。因此，自动分类系统的运用具有重要价值。现阶段，主流方法使用模糊逻辑法，Liu(2000)提出了水成物粒子识别可通过综合模

糊逻辑和神经网络实现。神经网络和模糊逻辑的结合使系统能够提供一种将过去的观测结果纳入分类过程的机制，并且基于过去的数据来不断学习和改进其性能。模糊逻辑用于水成物粒子类型的推断，神经网络算法用于系统中模糊集参数的自动调整。通常将五种雷达参量(即 Z_H、Z_{DR}、K_{DP}、ρ_{HV}、L_{DR})作为神经模糊网络的输入变量。经分类系统处理后，将集成的结果转换为单一的粒子类型，即输出以下水凝成物类型中的其中一种：细雨、雨、干燥和低密度的雪、干燥和高密度的晶体、潮湿和融化的雪、干霰、湿霰、小冰雹、大冰雹、雨和冰雹的混合物。

模糊逻辑水成物分类系统一般由四部分组成：模糊化、规则推理、聚合、退模糊化。

(1)模糊化。其功能是将清晰输入(或精确测量)转换为具有相应隶属度的模糊集。特定的清晰输入可以属于不同的模糊集，但具有不同的隶属度。模糊化中最重要的组成部分是隶属函数，用于描述输入域中清晰输入和模糊集的关系。隶属函数的选定对分类性能至关重要。

(2)规则推理。在模糊逻辑系统中，以 IF-THEN 语句的形式描述输入和输出模糊变量之间的复杂关系。通常，规则由 IF 语句中的几个前提和 THEN 语句中的一个或多个结果组成。从前提的强弱推断出这些结果的“强度”的过程称为规则推理。

(3)聚合。可以使用若干规则(而不是单个规则)来描述模糊逻辑系统。这些规则组成规则库。关于模糊模型的完整知识包含在其规则库和隶属函数(membership function，MBF)中。用推理方法来推导每个规则的强度后，由聚合方法确定整体模糊区域。

(4)退模糊化。聚合过程完成后输出一个模糊集，但水成物分类要求找到最能代表模糊输出集的清晰值，这个过程称为退模糊化。

神经网络与模糊逻辑的结合为神经模糊系统。该系统将模糊逻辑部分建模为多层前馈神经网络，分为五层：输入层(由输入变量组成)、IF 层(模糊化层)、THEN 层(规则推理层)、聚合/退模糊化层、输出层。在此模型下，神经网络学习算法可不断调整隶属函数的参数完成学习过程。

这类基于模糊识别和神经网络的冰雹识别算法，较此前凭借各参数的阈值范围进行经验统计往往具有更好的识别效果。如张秉祥等(2014)将 2008～2012 年 103 份冰雹个例进行了识别效果检验，冰雹识别命中率和关键成功指数分别为 73.9%、51.9%，较单一偏振参数通过经验识别有很大的提高。运用模糊逻辑法的偏振参数粒子识别在新一代天气雷达的雹暴观测业务中将有很好的发展前景。

2.1.6　电子扫描式相控阵天气雷达

常规天气雷达的天线依靠动力完成机械式转动，获取一套反映天气系统三维结构的雷达体扫资料需耗时 6 min 左右，导致天气系统难以被迅速定位以及限制了对系统中快速演变信息的捕捉。对于发展迅速的中小尺度天气系统(如龙卷、微下击暴流、中尺度涡旋)而言，监测、预警和研究工作需要更高时间分辨率的雷达数据。为缩短雷达的体积雷达数据的更新时间，卷覆盖模式(volume coverage pattern，VCP)被提出(Lee et al.，2004)，VCP

更新速度更快，再加上低海拔角之间的紧密间隔，使预报员能够更早、更远地探测到中气旋。然而，VCP 降低了反射率和速度的估计精度(Brown et al.，2000)。20 世纪 90 年代军用改气象用的相控阵雷达(phased array radar，PAR)则在保证雷达资料精度基础上，控制了扫描数据更新时间，将体扫时间压缩到 1 min 内，解决了低时间分辨率的难题，进一步提高了对雹暴的探测能力。它与常规天气雷达之间最重要的区别是天线设计。常规天气雷达的电磁波波束由抛物面天线形成，再通过旋转天线机械地完成光束的转向。由旋转天线产生的体扫时间较长，可能导致垂直风暴结构的空间不连续。相控阵天线则通过电子“移相器”控制上千个发射-接收元件的相位，形成多个不同宽度和指向的电磁波波束，同时沿径向收集数据，实现 360°全空域探测扫描。

PAR 具有一个关键优势为数据的时空分辨率远远高于现有的机械扫描雷达，给出了新一代天气雷达和双线偏振雷达不能提供的新的事实。PAR 与常规天气雷达相比，通过快速扫描得到反射率和速度特征演变的精确描述，反映出单体回波的水平结构和垂直结构的细致变化，包括最初的强烈上升气流，雹区回波的快速增强、回波高度的快速发展、快速下降的高反射率核心以及中低层强烈辐合、前向侧向地面风辐散外流(Heinselman，2008)；同时增强了研究垂直速度特征的能力，如风暴中不同高度处增强和降低的涡度值。此外，因为 PAR 具有从其元件阵列的不同区域接收信号的能力，所以可以对来自不同方向的信号进行互相关分析。这种干涉测量能力允许沿发射光束同时测量风切变和湍流(Zhang et al.，2004)，可以得到更详细的快速演化结构描述，对进一步揭示雹暴单体触发、发展和演变过程大有帮助。随着风暴的迅速演变，快速更新的 PAR 数据中可以清楚地看到冰雹指示回波(例如有界弱回波区域和辉斑回波)的发展过程。一定程度上使预报员能够更早地发现即将来临的降雹过程，将雹暴提前预警时间延长。Pinto(2007)的研究结论指出相较常规机械扫描雷达，运用 PAR 数据可以提前 30min。

PAR 回波强度保持层次结构清晰、轮廓显著等特征，回波图像效果好。如图 2.3 所示。

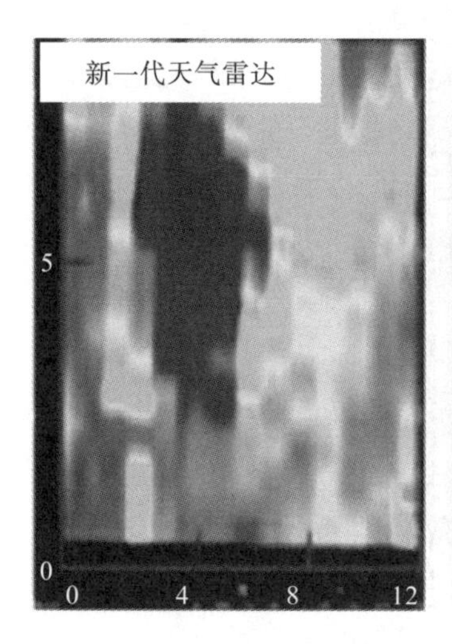

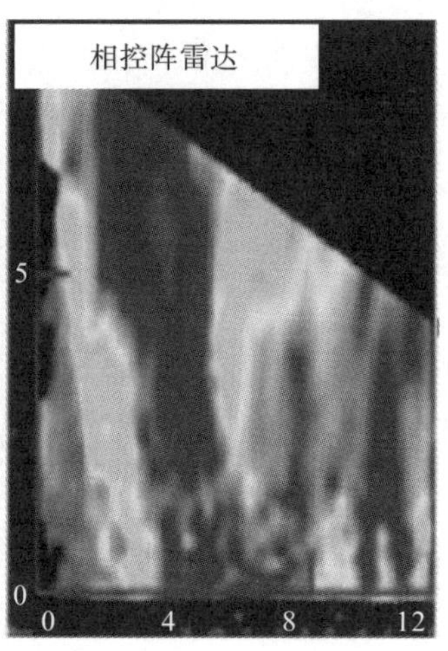

图 2.3　相控阵雷达与新一代天气雷达的 RHI 对比

从图 2.3 中可以发现相控阵雷达图像效果更好，回波结构更为明显，反映的强回波信息好于新一代天气雷达的回波。

但是由于相控阵雷达波束宽度的增加以及波束宽度与增益不再是定值而是随着仰角发生变化，必然在一定程度上牺牲雷达探测数据的分辨率，造成其回波细节的缺失。通常为小尺度的回波特征滤除，降水分布的“大众化”，局地特性难以体现。目前，相控阵雷达的天线阵列包括平面阵列、圆形/圆柱形阵列和球形阵列。最常用的阵列配置是平面阵列天线。然而，平面结构在偏振测量方面有明显的缺陷。随波束宽度的增加，灵敏度降低，如果波束指向远离侧面的方向，则有偏振信息误差。圆柱阵列一定程度上避免了这些缺陷。球形阵列在使用天线孔径大小和对称性方面是最灵活的(Zhang et al.，2011)。然而，对于天气应用来说，球形阵列无法提供观测所需的交叉极化分量的精确测量。因此新一代天气雷达在现阶段偏振参数的测定上仍具有不可替代的优势。

2.2　雹暴的空基观测系统和方法

利用特殊改造的飞机去研究雹暴内部想法最早由 Schleusener(1966)提出，与地基雷达探测的雹暴信息不同，飞机可以得到直接的云物理数据。飞机常载有的仪器有：前向散射光谱仪探头，用于 2～44μm 的粒子尺寸测量；光学阵列探针，用于 25～800μm 的粒子测量；液滴测量技术热丝测量仪，用于测量液态水含量；除冰电阻型全温度传感器测量温度；光学露点系统获得露点温度；静压传感器提供压高测量；差压传感器提供空气速度测量；球体变速仪用于推断云中垂直气流。机载雷达通常选用 X 波段或 K 波段雷达，具有其天线体积小、移动方便、造价低廉等特点，比 S、C 波段雷达有着更好的探测分辨率，可以更加细微地提供云、雨滴、冰雹等水凝物的微物理过程信息。在添加双偏振和多普勒探测功能后，同样可以实现对 Z、Z_{DR}、K_{DP}、Φ_{DP} 以及 $\rho_{HV}(0)$ 和 L_{DR} 等参数的探测。

1967 年首次正式开展飞机观测项目，投入飞行的是一架 T-28 装甲飞机，它在 1972～1973 年总共进行了 110 次雹暴穿透飞行，当时所携带的传感器的主要观测对象是雷达高反射率区的水成物组成和上升气流，最终得出了一些结论：雹暴中有多支上升气流；过冷水含量高值区与冰雹生长区位置一致；冰雹的尺寸取决于上升气流的强度(Sand，1976)。此后，飞机观测趋于成熟，成为一种不可或缺的观测手段。飞机观测很好地跟踪冰雹生长，例如，一次飞机穿透云层的直接观测证据表明，雹胚是在主上升气流中形成的，并在积云塔的位置继续生长(Foote et al.，1984)。由于成熟雹暴存在冰雹的风险，飞行重点一般放在雹暴云的顶部，即云砧附近，以及跟踪发展最强的新生成单体，这样也可以很好地避免大冰雹从高空中坠落的危险。

图 2.4 为 NASA 于 2012 年的湾流 5 号飞机上在雹暴外部拍摄到的画面，显示了雹暴的结构特征。仪器测得上升气流速度有时可达 45m/s。除云砧特征外，还存在过冲云顶，这是风暴上升气流强烈的体现，上升气流突破了对流层顶的限制，在对流层顶上部形成了一层气泡。

图 2.4 一次飞行观测任务所摄的雹暴外部结构特征
[美国国家航空航天局地球观测站每日卫星照(5.29)]

飞机观测一般不具有识别雹暴的功能，而是着重于雹暴的各演化阶段的具体观测分析。这种深入内部的观测往往可以获得大量的雹暴内部信息，如动力特征(上升气流的位置强度等)、热力特征(云内温度的垂直分布)及雹暴的微观结构特征(雹暴过程中上升气流及各结构区的水成物分布、浓度及形态结构)，对认识雹暴云中的微观物理演化过程及人工防雹业务的展开起到了重要作用。

2.3 雹暴的天基观测系统和方法

相较雷达由下及上的观测方式，卫星遥感观测由上及下可以完成对流云的云顶状况的探测。卫星遥感资料可以反映上升气流强度、云伸展高度及云的过冷层厚度等一系列情况，能有效监控对流云的生长情况，是判断对流单体是否进一步发展为强对流风暴的有效识别手段。鉴于地面雷达观测站难以覆盖到偏远地区，无法获得相应的天气信息，卫星在时间和空间上提供了良好的观测范围。并且冰雹的全球地表观测网络缺乏一致性，限制了对全球冰雹性质和气候特征的研究，卫星遥感则能够弥补这一缺憾。

各国发射的气象卫星按轨道性质可分为地球同步静止轨道卫星和太阳同步极地轨道卫星两类，如表 2.4 所示。

表 2.4 各国气象卫星分类

地球同步静止轨道卫星	风云 2/4 号(中国)、GMS/MTSat(日本)、GOES(美国)、Merteor(俄罗斯)
太阳同步极地轨道卫星	风云 1/3 号(中国)、泰罗斯 NOAA 系列卫星(美国)、 EOS 系列(美国日本共同研制，包含 TRMM、Terra、GPM 卫星等)

卫星遥感中诸如可见光、红外测量能够直观反映雹暴的生长衰亡过程和移动方向，得到云边界、云特性、云顶温度和云顶高度等光谱信息可以有效区别雹暴和一般对流云。星载被动微波辐射计的出现时间晚于可见光和红外传感器，可见光传感器仅限于白天时段工作，红外遥感虽可以不分昼夜的工作，但不能穿透云雾，因此微波遥感在监测天气系统方面具有很大优势。微波辐射计记录由大型冰水凝物(霰，雹)的上升流辐射的散射引起的亮温下降以及被动微波辐射对冰粒子的敏感性使得雹暴观测识别成为可能。星载雷达使用雷达回波顶部反射率高值区的云顶温度来定量识别雹暴，经验证具有较高的可行性。

2.3.1　可见光观测

卫星上的扫描辐射仪可以记录地表和云对太阳光的反射，即可见光。根据卫星光谱原理，在可见光波段内，下垫面介质如植被、水、土壤的反射率较低，云雾反射率较高，并且云反射率随云体高度、厚度的不同而发生改变。反射率还原成卫星图像后可以直接观察到云状和水平结构以及云系的移动和发展过程等。卫星接受的辐射越大，色调越白，如发展旺盛的对流云云体深厚，反射能力强，在云图中非常白亮，云层较薄的部分则呈暗灰色。

冰雹常与极强的中尺度对流系统(mesoscale convective system，MCS)相联系。在晴空区中，冰雹云常组织成一个个圆形或椭圆形的中尺度云团，云团边界光滑，边缘梯度很大，云顶温度极低，温度梯度很大。在卫星可见光云图上，云顶温度不大于-32℃，水平尺度为 100～500km，外观呈圆形或近似圆形的云团定义为中尺度对流系统，常常有降雹发生。

还有一部分冰雹云具有如表 2.5 所示的云状特征。

表 2.5　雹云宏观云状特征

蜂窝状云系	这些对流云单体的块状结构明显，色调白亮，排列无规则，如同蜂窝一样。雹暴单体的降雹持续时间长，范围大
涡旋状云系	一个近似圆形的涡旋状云系，涡旋中心的云系发展成一块块浓白色的对流云块，而且在冷涡移动方向的前部，对流云发展加强，出现一条条白色呈反气旋性弯曲的对流云带或云线。这种云系产生雹暴的情况不多，但冰雹尺寸往往巨大，容易致灾
逗点云系	呈一片白亮的逗点状，在逗点云系的北部边缘有反气旋性弯曲的卷云线

从卫星云图中可以直观判断产生雹暴的天气系统类别。

卫星云图中的过冲云顶(overshovting top，OT)可在陆地区域作为雹暴标志物。然而对于一些地区来说，地面降雹与 OT 特征之间的关系有时很弱。在中国华北平原，存在许多的雹暴，但在该区域中很少出现上冲云顶(Griffin et al.，2016)。Dworak 等(2012)发现了过冲云顶的区域差异。就中纬度对流层顶高度的快速下降及其季节性变化而言(Hoinka，

1999)，雹暴的对流结构可能受到局部对流层顶高度的影响，因此雹暴和上冲云顶之间的关系可能因季节和地区而异。此外，OT 判别方法观测高度相对较低和有着相对温暖的云顶的雹暴时，容易漏报冰雹或低估冰雹大小。

除卫星云图外，对可见光数据定量分析也能一定程度上区分出雹暴。例如，NOAA 太阳同步极轨卫星系列的甚高分辨率辐射扫描辐射计(advanced very high resolution radiometer，AVHRR)第 1 通道 CH1(0.55～0.68μm)是可见光探测通道，研究表明薄卷云 CH1 反射率为 12%～37%，对流云 CH1 反射率大于 40%，而雹暴 CH1 反射率大于 50%(张杰等，2004)。

2.3.2 红外观测

地物自身向太空发射的热红外电磁波可以被卫星的红外通道的传感器所接受，辐射经转换可以得到地物的辐射温度，通常以亮度温度(又称亮温)(black body temperature，TBB)或转换为摄氏温度来表示，卫星红外云图依据温度大小制定色标，温度越低，色调越白。与可见光不同，红外可以进行全天候观测，因此更能及时有效地监测天气系统。

红外观测也具有探测和预报冰雹的潜力。红外云图与可见光云图反映的雹暴云的特征较一致，但红外云图的分辨率低于可见光。进行分析时往往二者相结合。定量分析时，云顶温度和温度水平梯度是应用最充分的两项指标。卫星云图资料二次处理后，可以得出整张云图中各点云顶温度，根据云顶温度梯度公式可以计算出各点的梯度值。无云或少云时，亮温反映的是地表黑体辐射温度，其值为大于 0℃的较高值。当有云遮盖时，亮温为云顶黑体辐射温度，其值一般小于 0℃，并且对流越旺盛云顶越高，亮温值越低。当观察到卫星红外云图中云顶的亮温值越低，说明云顶越高，对流活动强烈，为雹暴的可能性就偏大。云顶温度梯度(G)是表征降雹的更重要的指标。云顶温度梯度大，表明云顶的起伏剧烈，对流旺盛。有研究指出我国黑龙江地区的冷涡或冷锋云系中，TBB＜-26℃且 G＞10 的区域是降雹的关键点(安晓存等，2004)。

虽然理论上可以根据可见和红外通道的低亮温或云顶附近的温度梯度，与云中较强的上升气流和冰雹之间的间接关系来识别潜在的雹暴。然而，各地雹暴的云顶亮温特征不同，区域差异使得难以在全球范围内针对这种间接关系建立一个统一标准。出于这个原因，基于红外识别雹暴的技术可能需要适应每个特定的研究区域。

卫星观测不能直接测得云的粒子半径，但可以由卫星资料反演出云的有效粒子半径。以 NOAA 卫星为例，CH3(3.55～3.93μm)和 CH4(10.3～11.3μm)为热红外通道。CH4 通道接收的目标物热红外辐射，云顶温度可以由此直接反演。CH3 接收的辐射包含散射和反射辐射两部分，其中，反射辐射与云的有效粒子半径高度相关。反射辐射又可以通过 CH3 和 CH4 通道的辐射差值得到。有效粒子半径越大，在 CH3 上的反射率越小。观测表明薄卷云 CH3 的反射率较小，大部分小于 1.1%～30%，强对流云为 10.2%～24.5%，而雹云 CH3 的反射率为 0.9%～7.5%，大部分小于 10%(张杰，2004)。

综合来看，雹暴需要具备两个条件：云光学厚度大值和有效粒子半径大值。具体表现为红外反射率为低值，CH3 反射辐射为低值。如果光学厚度大(红外反射率低)而有效粒子半径小(CH3 反射辐射率高)，为强对流云的可能性更大，相反则为薄云。

2.3.3　微波辐射观测

星载微波辐射计可探测来自地表的上升流辐射，到达传感器的辐射量取决于柱状积分的散射和辐射发射效应，通过辐射量可以得到温度等信息，实现定量测量目标。

对流云中的霰和冰雹粒子的散射导致云顶亮温的衰减，远低于大气中的热力学温度。Cecil(2009)将大冰雹(直径至少 2cm)与热带降雨测量卫星(tropical rainfall measuring mission，TRMM)微波成像仪的亮度温度进行关联，发现大冰雹发生的概率随着亮温的降低而增大。冰雹的尺寸则与逐渐降低的亮度温度(亮温梯度)有关。此外，他还指出，在 37GHz 的亮温低于 180 K 的风暴中，有 79%与冰雹有关。

Xiang 等(2017)的研究指出极低的亮度温度通常伴随着大冰雹生成。TMI 中的两个频率(85GHz 和 37 GHz)都显示出随着亮度温度降低的冰雹报告的可能性增加。采用偏振校正温度(polarization-corrected temperatures，PCT)避免将水面误认为风暴。当 37GHz 处 PCT 为 230K 时关键成功指数 CSI 分数最大化，85GHz 处为 210K PCT。其中，37GHz 通道对于识别雹暴是最有效的。85 GHz 通道有时有极低的亮度温度，但地面没有报告大冰雹，可能因为大型霰或小冰雹的深厚层足以散射较短波长的辐射。

Kamil 等(2017)利用全球降水测量(global precipitation measurement，GPM)任务卫星资料研究雹暴，GPM 微波成像仪包括 89GHz 和 36.5 GHz 信道，分别类似于 TRMM 卫星 TMI 上的 85GHz 和 37 GHz。其结论为，36.5GHz 的 PCT 最佳阈值为 207 K，89 GHz 的 PCT 为 190K，结果与 TRMM 的结果较一致，这表明亚热带地区与中纬度地区之间的冰雹探测标准没有很大的差异。热带地区则由于缺乏冰雹报告，很难验证这一标准是否同样适用。

2.3.4　降水雷达观测(ku 波段)

雷达反射率已被用作对流强度的测量。大型霰或由强上升气流引起的冰雹，会产生高雷达反射率值。当雷达脉冲能量在返回到接收机前被多次散射到大气目标上时，就会发生多次散射现象(Battaglia et al.，2011)。这种现象导致了在冻结高度以下反射率剖面的异常行为。它主要对 ku 波段产生影响，所以现阶段主要探讨 ku 波段。TRMM 卫星上的降水雷达(precipitation radar，PR)可以检测分辨率为 250m 的雷达反射率，提供有关风暴垂直结构的详细信息。GPM ku 波段降水雷达的占地面积和分辨率接近 TRMM PR 的分辨率。TRMM 卫星已被广泛用于热带和亚热带对流的研究。GPM 卫星的双频降水雷达(dual-frequency precipitation radar，DPR)将这种测量扩展到纬度为±65°的更广地区。用单偏振雷达反射率识别雹暴，通常有两种方法。一种是基于雷达回波高值相对于冰冻高度的垂直距离(Waldvogel et al.，1979)，另一种是使用雷达回波顶部反射率高值区的温度(Auer，1994)。为减少区域差异，尤其是中纬度和热带之间的差异，使GPM卫星和TRMM卫星能共用一套阈值标准，通常利用雷达回波顶部的温度来制定阈值。表征参数(T_MAXHT)为给定的雷达反射率值达到的最大高度处的温度，它在一定程度上可反映冰雹的尺寸，以T_MAXHT40为例，直径2.5cm左右的冰雹其40dBZ回波高度处的温度一般为−18℃，直径3.2～5.1cm冰雹一般为24℃，32℃之上则意味着更大的冰雹。

Xiang等(2017)将冰雹报告与雹暴发生时的T_MAXHT相匹配，得到T_MAXHT阈值。实验表明，在−22℃时，44 dBZ的阈值被认为具有最高的关键成功指数CSI(CSI=0.24)。

与星载雷达相比，地基雷达通常具有有限的垂直分辨率(1km)，但由于星载天线尺寸的限制，目前和未来的雷达都使用相对较短的波长。众所周知，当无线电波通过液态水含量较高的区域或流星较大的区域传播时，它们可以被强衰减。在深对流测量中，由于W波段的严重衰减(Mitrescu et al.，2008)，大部分回波区域常常完全丢失。强对流衰减也会影响ku波段的雷达。这对观测暴雨率高的深对流风暴或大冰粒(包括霰粒和冰雹)构成了挑战。用ku波段雷达对水成物特性进行量化往往是困难的。故星载雷达虽然通常先于地面雷达捕捉到雹暴区，但缺乏地面雷达提供的细节水平，特别是当后者具有双偏振能力时，也存在水平分辨率较粗这一缺陷。

雹暴的观测史由地基、空基、天基观测系统构建起来。地基雷达观测系统主要历经五个阶段。①单偏振雷达，通过反射率因子ZH反映回波强度、回波结构特征等。②多普勒雷达，通过回波相位改变得到径向速度等参量，主要反映雹暴流场结构等信息。③双偏振雷达，通过回波偏振信息得到一系列雷达偏振参量，由各偏振参量阈值范围可以有效识别云中粒子类型，达到识别雹暴的目的。④新一代天气雷达，结合了雷达回波的偏振信息和相位信息，增添了偏振信号的相位改变参量。与根据各参量阈值范围经验判断识别雹暴不同，此阶段发展的模糊逻辑粒子识别法，应用模糊逻辑可以将雷达数据快速自动判别为单一的粒子识别结果，大大提升了雹暴的预警速度。⑤相控阵天气雷达，区别于传统天线机械转动的常规雷达，相控阵雷达的电磁波发射接收技术得到完全革新。它运用计算机操控电磁波发射接收元件，实现全空域的快速扫描，将常规雷达体扫一周的时间由6min缩减至1min内，从而快速跟踪识别发展演变迅速的雹暴。

目前雷达对雹暴的探测和识别研究在向两个方面发展：一是雷达的多参量化的自动系统识别，使其能收集到云中粒子的更多信息，以便更准确地识别雹暴；二是运用相控阵雷达的快速更新的雷达数据实现雹暴的超前预警。

空基即飞机观测雹暴更主要的目的是探测雹暴内部信息。飞机搭载的各项传感仪器可获得雹暴内部温度、湿度、粒子尺度的垂直分布、流场结构等诸多信息。对雹暴的热力特征和动力特征的了解起重要作用。

天基即卫星观测不同于雷达和飞机的局地观测性质，雷达观测网不能涉及的偏远地区卫星观测通常能够有效覆盖，因此卫星观测作为全球天气监测工具，为当前最有发展前景的观测技术。卫星观测由上及下对雹暴的观测方式可以获得更多不同于雷达、飞机观测的内容，如云顶温度、云顶温度梯度、云光学厚度、云状类别、云体发展过程等。通过卫星搭载的可见光、红外、微波观测传感器和雷达均具有识别雹暴的功能。可见光云图及红外、微波辐射云图可以判断强对流云类型，并通过云图资料二次转换得到云顶温度等识别雹暴。由于可见光仅限于白天，红外观测不能穿透云雾，微波遥感更具有优势。星载雷达可通过基于雷达回波高值相对于冰冻高度的垂直距离，另或使用雷达回波顶部反射率高值区的温度完成对雹暴的有效识别，在提前预警方面具有一定价值。

参考文献

安晓存，董晶，景学义，2004. 利用静止卫星云图特征对黑龙江省冰雹天气进行估计[J]. 黑龙江气象，4：5-6.

张杰，李文莉，康凤琴，等，2004. 一次冰雹云演变过程的卫星遥感监测与分析[J]. 高原气象，23(6)：758-763.

张秉祥，李国翠，刘黎平，等，2014. 基于模糊逻辑的冰雹天气雷达识别算法[J]. 应用气象学报，25(04)：415-426.

Atlas D，1990. Radar in Meteorology[M]. NewYork：American Meteorological Society.

Atlas D，Ludlam F H，1961. Multi-wavelength radar reflectivity of hailstormst[J]. Quar. Roy. Meteor Soc.，87：523-534.

Auer A H, 1994. Hail recognition through the combined use of radar reflectivity and cloud-top temperaturest[J]. Mon. Wea. Rev., 122: 2218-2221.

Aydin K，Seliga T A，Balaji V，1986. Remote sensing of hail with a dual linear polarization radar[J]. Climate Appl. Meteor，25: 1475-1484.

Barge B L, 1970. Polarization observations in Alberta[C]// Preprints 14th Radar Meteorology Conf., Tucson, AZ, Amer Meteor Soc: 221-224.

Battaglia A，Augustynek T，Tanelli S，2011. Multiple scattering identification in space borne W-band radar measurements of deep convective cores[J]. Geophys. Res.，116(D19)：201.

Brandes E A，Vivekanandan J，1998. An exploratory study in hail detection with polarimetric radar[J]. Amer Meteor Soc.：287-290.

Bringi V N，Knupp K，Detwiler A，Liu L，1997. Evolution of a Florida Thunderstorm during the Convection and Precipitation/Electrification Experiment[J]. Mon. Wea. Rev.,125: 2131-2160.

Brown R A, Wood V T, Sirmans D, 2000. Improved WSR-88D Scanning Strategies for Convective Storms[J]. Wea.Forecasting., 15: 208-220.

Browning K A, 1965. Comments on "formation and steering mechanisms of tornado cyclones and associated hook echoes" [J]. Mon. Wea. Rev.，93：639-639.

Browning K A，Foote G B，1976. Airflow and hail growth in super cell storms and some implications for hail suppression[J]. Quart J Roy Meteor Soc，102：499-533.

Cecil D J，2009. Passive microwave brightness temperatures as proxies for hailstorms[J]. Appl Meteor Climatol，48：1281-1286.

Conway J W, Zrnić D S, 1993. A study of embryo production and hail growth using dual-Doppler and multiparameter radars[J]. Mon Wea Rev，121：2511-2528.

Depue T K，Kennedy P C，Rutledge S A，2007. Performance of the hail differential reflectivity（HDR）polarimetric radar hail indicator[J]. Appl Meteor Climatol，46：1290-1301.

Donaldson R J，1958. Analysis of severe convective storms observed by radar[J]. Meteor，15：44-50.

Donaldson R J，1959. Analysis of severe convective storms observed by radar-II[J]. Meteor，16：281-287.

Donaldson R J，1961. Radar reflectivity profiles in thunderstorms[J]. Meteor，18(5)： 292-305.

Dworak R K, Bedka M, Brunner J C, 2012. Comparison between GOES-12 overshooting-top detections, WSR-88D radar reflectivity, and severe storm reports[J]. Wea Forecasting，27：684-699.

Eccles P J，Atlas D，1973. A dual wavelength radar hail detector[J]. Appl Meteor，12：847-854.

Foote G B，Heinselman P L，Priegnitz D L，2008. Rapid Sampling of Severe Storms by the National Weather Radar Testbed Phased Array Radar. 84 a study of hail growth utilizing observed storm conditions[J]. Climate Appl Meteor，23：84-101.

Griffin S M, Bedka K M, Velden C S, 2016. A Method for Calculating the Height of Overshooting Convective Cloud Tops Using Sat ellite-Based IR Imager and CloudSat Cloud Profiling Radar Observations[J]. Appl. Meteor. Climatol., 55: 479-491.

Heinselman C J, Nicolls M J, 2008. A Bayesian approach to electric field and E -region neutral wind estimation with the Poker Flat Advanced Modular Incoherent Scatter Radar[J]. Radio Science, 43(5).

Herzegh P H, Jameson A R, 1992. Observing Precipitation through Dual-Polarization Radar Measurements[J]. Bulletin of the American Meteorological Society, 73(9):1365-1374.

Heymsfield A J，Jameson A R，Frank H W，1980. Hail growth mechanisms in a Colorado storm Hail formation processes[J]. Atmos Sci，37：1779-1807.

Hoinka K P，1999. Temperature，humidity，and wind at the global tropopause[J]. Mon Wea Rev，127：2248-2265.

Holleman I，Wessels H R A，Onvlee J R A，2000. Development of a hail-detection-product[J]. Phys Chem Earth，25B：1293-1297.

Hubbert J C，Bringi V N，Carey L D，1998. CSU-CHILL polarimeteric radar measurements in a severe hailstorm in eastern Colorado[J]. Appl Meteor，37：748-775.

Humphries R G，1974. Observations and calculations of depolarization effects at 3 GHz due to precipitation[J]. Rech Atmos，8：155-161.

Illingworth A J，Goddard J W F，Cherry S M，1987. Polarization radar studies of precipitation development in convective storms[J]. Quart J Roy Meteor Soc，113：469-489.

Jameson A R, Srivastava R C, 1978. Dual-wavelength Doppler radar observations of a hail at vertical incidence[J]. Appl Meteor, 17：1694-1703.

Kamil M, Alessandro B, 2017. hail-detection algorithm for the gpm core observatory satellite sensors[J]. Appl Meteor Climatol, 56：1939-1957.

Kessler E，1983. Thunderstorms A Social，Scientific and Technological Documentary[M]. Norman：University of Oklahoma Press.

Kitzmiller D H, McGovern W E, Saffle R F, 1995. The WSR-88D Severe Weather Potential Algorithm[J]. Wea.Forecasting., 10: 141-159.

Laurent F，Henri S，Serge S，2003. Hail detection using s- and c-band radar reflectivity difference[J]. Atmos Oceanic Technol，20：233-248.

Lee R R, Steadham R M , 2004. WSR-88D algorithm comparisons of VCP 11 and new VCP 12. Preprints, 20th Conf. on Interactive I nformation Processing Systems[J]. Seattle, WA, Amer. Meteor. Soc., CD-ROM, 12.7.

Liu C, Zipser E J, Cecil D J, 2008. A cloud and precipitation feature database from nine years of TRMM observations[J]. Appl Meteor Climatol，47：2712-2728.

Liu H，Chandrasekar V，2000. classification of hydrometeors based on polarimetric radar measurements development of fuzzy logic and neuro-fuzzy systems, and in situ verification[J]. Atmos Oceanic Technol, 17: 140-164.

Liu H, Chandrasekar V, 2000. Classification of hydrometeors based on polarimetric radar measurements: development of fuzzy logic and neuro-fuzzy systems, and in situ verification[J]. Atmos Oceanic Technol, 17: 140-164.

Mccormick G C, 1968. An Antenna for Obtaining Polarization-Related Data with Alberta Hail Radar[C]// Pro.13th Radar Metero Conf AMS: 340-347.

Miller L J, Tuttle J D, Knight C A, 1988. Airflow and hail growth in a severe northern high plains super cell[J]. Atmos Sci, 45: 736-762.

Mitrescu C, Miller S, Hawkins J, 2008. Near-real-time applications of CloudSat data[J]. J. Appl. Meteor. Climatol., 47: 1982-994.

Pinto J, Hendrickson B, Dan M, 2007. Storm characterization and short term forecasting using a phased array radar[C]//33rd Conference on Radar Meteorology, Australia AMS.

Pruppacher H R, Beard K V, 1970. A wind tunnel investigation of the internal circulation and shape of water drops falling at terminal velocity in air[J]. Quart J Roy Meteor Soc, 96: 247-256.

Rinehart R E, Tuttle J D, 1982. Antenna beam patterns and dual-wavelength processing[J]. Appl Meteor, 21: 1865-1880.

Sand W R, 1976. Observations in hailstorms using the t-28 aircraft system[J]. Appl Meteor, 15: 641-650.

Schleusener S A , Read A A ,1966. Variable Brewster Angle Flat Used as Gas Laser Gain Control[J]. Review of Scientific Instruments, 37(3): 287-289.

Seliga T A., Bringi V N, 1976. Potential use of radar differential reflectivity measurements at orthogonal polarizations for measuring precipitation[J]. Appl Meteor, 15: 69-76.

Spengler J D, Gokhale N, 1972. Freezing of freely suspended, super cooled water drops in a large vertical wind tunnel[J]. Appl Meteor, 11: 1101-1107.

Waldvogel A, Federer B, Grimm P, 1979. Criteria for the detection of hail cells[J]. Appl Meteor, 18: 1521-1525.

Xiang N, Liu C, Cecil D J, 2017. on the detection of hail using satellite passive microwave radiometers and precipitation radar[J]. Appl Meteor Climatol, 56: 2693-2709.

Zhang F, Snyder C, Sun J, 2004. Impacts of initial estimate and observation availability on convective-scale data assimilation with an ensemble kalman filter[j]. Mon Wea Rev, 132: 1238-1253.

Zhang G, Doviak R J, Zrnić D S, 2011. Polarimetric Phased-Array Radar for Weather Measurement: A Planar or Cylindrical Configuration[J]. Atmos. Oceanic Technol., 28: 63-73.

第 3 章　雹暴的基本物理特征

雹暴是一种强对流中尺度天气系统，它是在一定大尺度、中尺度环境背景下，由一定的激发条件激发产生的。雹暴的发生常常造成重大经济损失及人员伤亡，但不是所有的雹暴都会产生大冰雹、强降雹，这与雹暴系统中的热力、动力及微物理特征有关，而雹暴系统的气象要素场特征、微物理过程与雹暴的起电放电过程密切相关，因而对雹暴天气过程的基本物理特征展开探讨十分必要，这不仅有利于雹暴的预警预报，还有助于更有效地开展防雹减灾工作。鉴于此，本章将从雹暴发生的大尺度及中尺度环流特征、雹暴的激发条件、热力、动力、微物理及电学特征六个方面对雹暴的基本物理特征展开讨论。

3.1　雹暴发生的大尺度及中尺度环流特征

雹暴属于强对流中尺度天气系统，只有在有利的大尺度背景下满足一定的物理条件才能激发此类强对流天气，大尺度天气背景决定了中小尺度对流天气系统的强度、时空尺度、演变特征。同时雹暴的发生具有地域性差异，我国雹暴主要发生在青藏高原祁连山地区、天山地区和华北地区，雹暴多集中在高原、山区，与地形关系密切(陈思蓉等，2009)，总体上具有内陆多于沿海，中纬多于高、低纬的特征。影响雹暴发生的主要天气形势包括高空槽(长波槽)、高空冷涡、高空急流、副热带高压及南支槽等。在不同季节、不同地域，雹暴发生的环流特征有所差异，例如我国北方地区夏季雹暴的发生常与高空槽后的西北气流相联系，而沿海地区的夏季降雹常与副热带高压的北抬西伸有关。本节从雹暴发生的不同环流背景出发对其环流特征进行介绍。

首先，500hPa 上高空槽的活动与雹暴的发生密切相关。以我国北方地区为例，雹暴的发生与 500hPa 的高空槽(东亚低槽)、850hPa 的经向环流密切相关，500hPa 上低槽的存在有利于中高层冷空气的输送，经向环流对于水汽的输送有重要作用。对我国 1960～2012 年的雹暴天气统计研究表明，我国北方地区雹暴发生主要可分为四类环流形势，不同环流形势主要区别在于东亚低槽的强度和位置(Li et al.，2016)。第一类环流形势表现为 500hPa 上东亚低槽，位于华北地区东部，华北地区大范围的海平面气压较高，这与东亚低槽(西风槽)和温度槽对应，温度槽落后于低压槽有关，同时在华北地区上空有槽后明显冷空气。这一类环流形势在内蒙古地区产生雹暴的频率较高，但当低槽偏南位于较低纬度、海平面低压系统移出东北地区时，相较内蒙古，东北地区更易发生雹暴。第二类环流特征表现为 500hPa 强低压槽，槽线在 105°E 左右，海平面气压场低压中心位于我国东北地区，同时

850hPa 上有明显经向环流，这类环流形势最常见，在内蒙古、河北产生雹暴的频率较高，尤其是内蒙古地区。第三类环流特征是东北地区 500hPa 的浅槽及海平面气压普遍较低，与第二类相同，在 850hPa 上有经向环流存在，这类环流形势也十分常见，这类环流形势下内蒙古、山西、河北等区域均有较高的雹暴发生频率，若低压中心更偏东(45°N，104°E)，雹暴主要就发生在内蒙古地区。最后一类环流形势表现为 500hPa 上呈直线的东亚西风带与 850hPa 上很弱的低槽，海平面上气压梯度较小，这类环流形势下北方地区的雹暴发生频率明显减少，雹暴出现在内蒙古、山西、西北地区、东北部分区域，但发生频率均较低。Li 等(2016)指出我国北方地区的雹暴与锋、锋后系统过境密切相关，低层低压中心的东移使得雹暴发生的最大面积区域由内蒙古移向东北地区。总体而言，500hPa的深槽、850hPa的经向环流与海平面气压场上的低压系统是我国北方地区雹暴发生的主要环流特征，而不同的环流类型区别在于这些系统的强度及位置。

另一方面，我国北方地区雹暴常在高空冷涡天气背景下产生，影响我国北方地区的冷涡系统主要是蒙古冷涡、华北冷涡及东北冷涡，由贝加尔湖附近的冷涡东移南压形成，因冷涡所处位置不同分为以上三类。其中华北冷涡、东北冷涡位于我国区域内。在冷涡的作用下，高空冷平流叠置在低层暖平流上为强对流的发生创造了有利条件。蓝渝等(2014)对华北区域发生的雹暴研究表明在中国内蒙古东北部或者蒙古国东部存在冷性深厚冷涡，地面有低压中心与之配合，华北地区位于冷涡系统南侧，高空槽东移南下带来干冷空气，与低层西北往华北方向伸展的暖脊配合形成不稳定环境，在有力的触发条件下形成雹暴。除冷涡外，在 500hPa 上的深厚低涡与 700hPa 以上冷槽(冷中心)配置下，850hPa 暖脊发展形成的南北向的暖湿平流也可以为雹暴的发生提供不稳定层结。

500hPa上长波槽后西北气流的作用也常是我国北方夏季持续性雹暴天气，尤其是西北地区雹暴发生的重要天气形势，这类雹暴类型通常被称为高空西北气流型，特征即高空槽后或者长波脊前的强西北气流，温度槽通常明显落后于高度槽，同时西北气流中常会有低槽(冷槽)分裂向东南方向移动，因而中高层有较强的冷平流。如图 3.1 所示为河西走廊

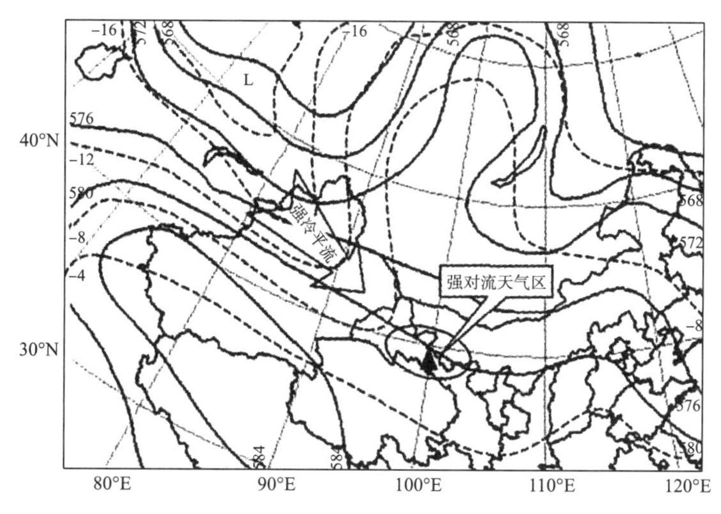

图 3.1　高压脊前冷平流(实线为 500hPa 等高线，虚线为等温线)(王伏村等，2008)。

中部雹暴发生的典型环流形势，高压脊前低槽分裂，冷空气东移南下经过河西走廊，形成小雨后，河西走廊处在强脊前西北气流中，气流中有冷平流下滑，雨后近地层湿度较大，沙漠和戈壁受太阳辐射增温快，中高层的下层干冷空气加强对流不稳定性，易形成雹暴。

副热带高压常常与夏季降雹联系在一起，副热带高压西南暖湿气流控制下的大陆地区具有强不稳定能量，容易形成局地强对流，有西北冷空气过来时，高压脊东退，形成不稳定层结易触发不稳定能量释放形成雹暴。尤其是在午后，下垫面受太阳辐射加热后增温迅速，加强了层结不稳定，更易产生雹暴。实际上上述河西走廊中部区域的雹暴就存在这类环流特征，即副热带高压东退型。如图 3.2 所示，海洋上形成台风使副热带高压 588 线北抬西伸，西南暖湿气流抵达河西走廊干旱地区，穿越高原西部，在热力作用下形成对流云团不断北上影响河西地区，台风登陆填塞后副高东退，新疆东移冷空气与对流云团作用形成雹暴。沿海地区的夏季雹暴常与副热带高压相联系，如福建地区的夏季雹暴常表现为副热带高压边缘型，即 500hPa 上福建地区受副热带高压边缘气流控制，储存的不稳定能量足够，在午后由于下垫面加热易形成局地强辐合区，形成雹暴，但通常该类雹暴过程降雹的范围较小，局地性和离散性很强(蔡义勇等，2009)。副热带高压脊西侧的西南气流还可与南支槽前西南气流汇合形成副热带急流，影响我国长江以南地区的雹暴发生(雷雨顺，1978)。影响我国南方地区的南支槽来源于高原南侧的孟加拉湾，也常称作印缅槽，主要活跃在春季，南支槽带来的暖湿气流使低层增温增湿、低空强西南气流的辐合抬升作用均有利于雹暴的发生，例如广西地区的雹暴主要就是在南支槽影响下形成，大部分雹暴均发生在 3～5 月，在西南暖湿气流作用下能量条件更容易达到，这样的高低空配置形成上冷下暖的温度差动平流，加强了层结不稳定，若低层存在一定触发条件，对流可发生发展形成雹暴。

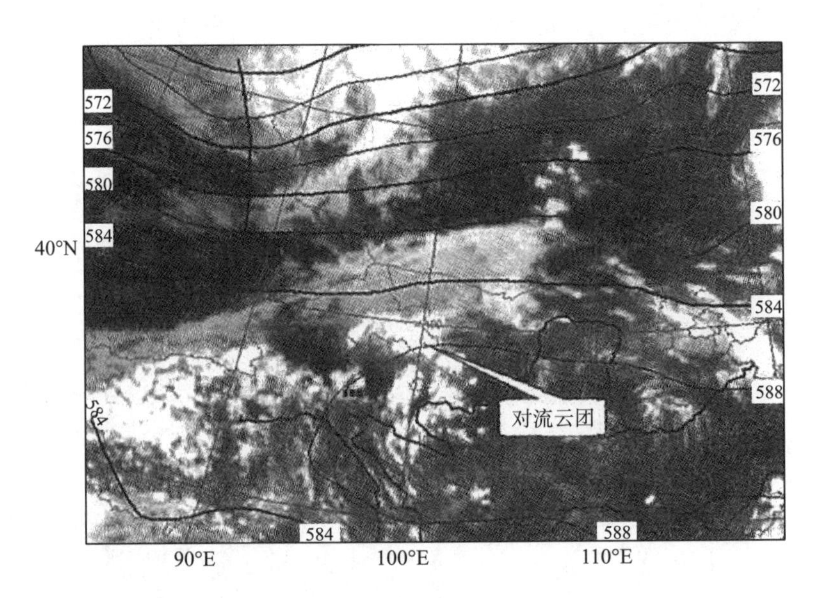

图 3.2 副热带高压东退型(500hPa 高度场与卫星云图叠加)(王伏村等，2008)

前文提到了副热带高压脊西侧与南支槽槽前西南气流汇合形成的副热带急流会影响雹暴发生，事实上，高空急流常与雹暴等灾害性强对流天气相联系，200hPa 上高空急流具有抽吸作用、辐散机制，因而高空急流经过层结不稳定区域、低层有锋面抬升或低空急流等天气系统时往往会产生强对流天气，研究表明强雹暴天气主要发生在北支急流(即极锋急流)以南与南支急流(即副热带急流)以北的区域。发生在重庆的一次雹暴是在冷锋与高空急流配合下产生，重庆位于南支急流轴的入口，在低层 850hPa 存在倒槽，有水汽辐合，地面有冷锋存在，锋区北侧冷空气向南运动下沉触发强烈上升运动，上升运动与南支急流入口区右侧即强辐散区对应，上升气流到达高空辐散区向偏南方向运动、下沉，然后在中低层经偏南风返回到上升运动中，形成的南北向次级环流圈有利于上升运动的强烈发展。同时中高层为乌拉尔山高脊前西北气流中的短波槽带来的冷空气(即前文提到的高空西北气流型)，低层大气由于下垫面加热增温增湿，在这种层结不稳定情况下，高空急流与地面冷锋的共同作用形成雹暴天气，高空急流、地面冷锋的位置与雹暴发生区域有很好的对应。实际上雹暴与其他类型对流天气相同，常常伴随着高层辐散与低层辐合流场配置，如张腾飞等(2006)对云南一次强对流冰雹过程研究表明，高层(500hPa)辐散性流场和低层(700hPa)辐合性流场的配置形成大气强烈不稳定，具有较强的风垂直风切变和大气抽吸作用，十分有利于垂直上升运动的迅速发展，为雹暴的发生提供了有利的大尺度环境场条件。

必须指出冷锋系统对雹暴天气的发生有重要作用，对雷暴天气的统计表明 60%～80%的雷暴与锋面活动有关，雹暴也是如此，锋的附近是雹暴天气活跃的区域，其中锋面雹暴多为冷锋雹暴(雷雨顺等，1978)。Li 等(2016)对青藏高原地区雹暴天气的统计表明，环流形势的不同对雹暴发生的频率影响相对较小，大尺度的锋面、锋后系统是该地区雹暴发生的主要原因。通常我国的冷锋雹暴与前倾槽有关，高空槽线超前于地面锋线，锋线对应上空为槽后冷平流，使得大气更不稳定，对雹暴发生更有利。前文已经提到我国北方地区的雹暴环流特征之一便是高空槽的存在，研究表明冷锋系统变弱后，北方的雹暴发生频率也会有所减小。此外，冷锋也是雹暴最重要的激发条件之一，在层结不稳定条件下，锋面的抬升作用往往可以激发对流发生发展，从而形成雹暴，这部分将在下一节详细介绍。

总体而言，长波槽如东亚低槽、南支槽、经向环流、副热带高压以及高空急流等大型天气形势与我国雹暴的发生密切相关。对我国北方地区雹暴天气而言，500hPa 上有东亚低槽存在，850hPa 上常常存在经向环流，其中华北、东北地区雹暴常发生在高空冷涡天气背景下，包括华北冷涡、蒙古冷涡、东北冷涡。西北地区雹暴的发生常有长波槽的存在，在槽后强西北气流中分裂出来的短波槽(低槽)带来的冷空气有利于雹暴的发生。而沿海地区的夏季雹暴多与副热带高压北抬西伸有关，长江以南地区雹暴天气通常与南支槽相联系。对高空急流而言，由于其具有抽吸、高空辐散作用，在低层有辐合上升运动、层结不稳定条件下常常造成雹暴天气的发生，如低空急流、冷锋或者锋前中尺度低压等系统常常与高空急流配合产生雹暴。其中，很高比例的雹暴发生均伴随着冷锋系统，雹暴常活动在锋的附近，例如大尺度的锋面是青藏高原地区雹暴发生的主要原因。

3.2 雹暴的激发条件

在对流不稳定能量或者说对流有效位能(convective available potential energy，CAPE)较强的区域，若存在一定的触发条件，可激发对流发生发展，对流不稳定能量释放，最终形成雹暴等强对流天气。对于雹暴的发生，触发机制是极其重要的。因此深入了解雹暴天气的激发条件有助于雹暴的预报预警，减少或避免雹灾造成重大人员伤亡及经济损失。通常来说，雹暴的激发条件主要可分为天气类、重力波类、下垫面类(包括地形)，雹暴的发生通常伴随其中两种或更多的条件存在。

3.2.1 天气类激发条件

边界层对于位势不稳定层结的建立、水汽的供应以及触发暴雨和强对流天气都有重要作用，与雹暴天气的发生发展密切相关。边界层内天气系统常常会激发对流形成雹暴，许多针对雹暴开展的研究均表明在环境条件合适的情况下，边界层辐合线造成的辐合上升运动有利于对流运动、云团形成，对流不稳定能量释放从而形成雹暴等强对流天气，同时边界层内 2 的大量辐合又能提供大量水汽，有利于不稳定能的形成和加强(王在文等，2010；王秀明等，2009；杨晓霞等，2000；俞樟孝等，1985)。边界层辐合线可以是天气尺度的冷锋、露点锋(干线)、中尺度的海风锋以及雷暴出流边界即阵风锋等(Wilson et al.，1997；Wilson et al.，1977)。

地面冷锋常常是触发对流不稳定能量释放的天气系统之一，锋面的抬升作用、冷锋前暖湿空气的存在以及锋前的中尺度低压造成的辐合上升运动往往可促使对流发生发展。图 3.3 所示为甘肃地区一次强对流降雹天气过程的冷锋动态图，地面冷锋经过甘南、临夏附

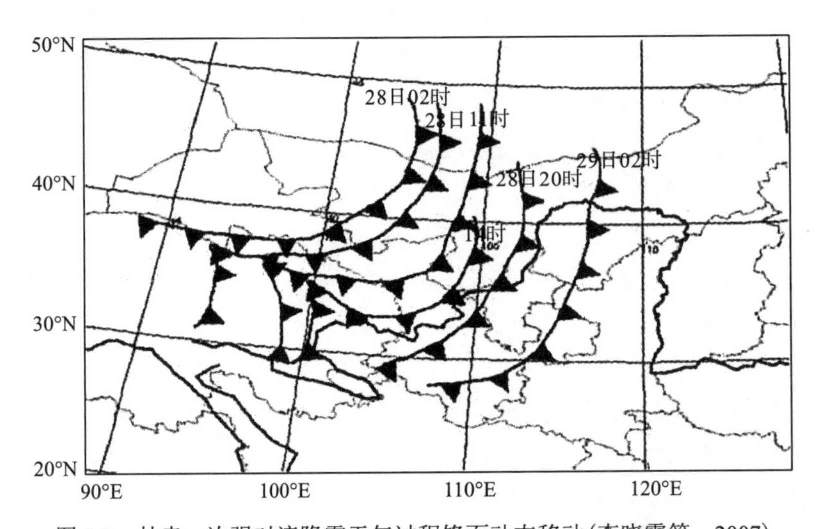

图 3.3 甘肃一次强对流降雹天气过程锋面动态移动(李晓霞等，2007)

近，由于其强烈的抬升作用，低层流场急剧辐合并有强烈的旋转上升运动，触发了不稳定能量的释放，甘南、临夏出现了冰雹等强对流天气，18:00～22:00 锋面东移到甘肃中部，使得该区域的低层辐合、垂直上升运动及正涡度都发展到最强，为冰雹的产生提供了有利条件。

此外，地面冷锋可与地面热低压配合产生强对流，形成降雹，如杨晓霞等(2000)对山东连续冰雹天气的分析表明，冰雹均在地面冷锋与地面热低压的配合下产生，以其中一次雹暴为例，如图 3.4 所示，雹暴发生前 500hPa 低槽减弱东移，850hPa 横槽南下，地面新生冷锋，在锋前热低压的配合下，低压中心的东北部产生强对流，出现冰雹。同时地面冷锋与地面辐合线、高空涡旋的共同作用产生上升运动也可激发雹暴的产生，如吴蓁等(2011)分析河南一次雹暴天气表明在河南大部处于较强条件不稳定、垂直切变风明显以及高空干冷平流加强不稳定等环境条件下，地面冷锋向地面辐合线逼近，产生上升运动，而高空还存在次天气尺度涡旋与地面冷锋、辐合线汇合加强上升运动，三者共同作用激发对流产生。

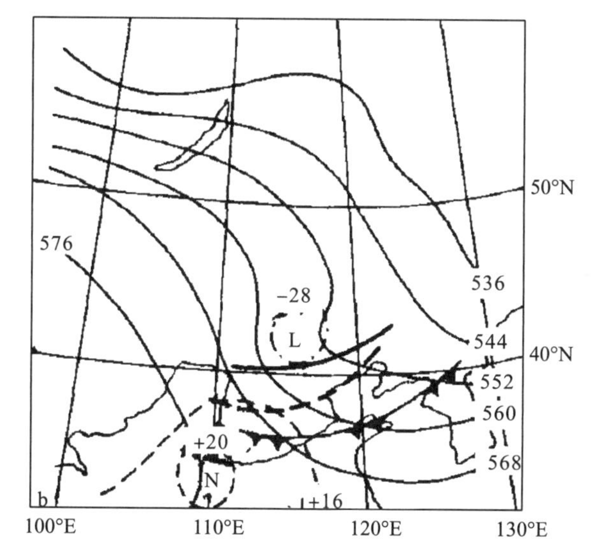

图 3.4　山东一次雹暴发生前 500hPa 环流形势、冷中心位置、850hPa 横槽(粗断线)及地面冷锋、暖中心位置(杨晓霞等，2000)

阵风锋是对流风暴中高层下沉的干冷空气在近地面层的低层向外扩张与相对暖湿空气交汇形成的辐合边界，在有利于雹暴发生的环境场中，由于阵风锋附近风场辐合明显，低层受动力强迫、辐合抬升作用与中高层系统扰动叠加触发强对流天气。在对流发展过程中，阵风锋的出现可使其发展更旺盛，有利于风暴的维持，产生冰雹天气。如廖向花等(2010)分析重庆一次超级单体雹暴表明冰雹出现前风暴运动的前侧出现阵风锋，干冷下沉空气与潮湿环境空气相互作用触发新对流单体，对雹暴系统起着维持作用，随后产生冰雹天气，阵风锋完全消失后雹暴才进入快速消亡阶段。阵风锋与已经存在的地面辐合线共同作用也可激发雹暴天气，如高晓梅等(2018)研究山东地区一次强对流天气指出阵风锋向地面辐合线靠近，使得地面辐合线加强，两者共同作用激发了强对流天气，带来冰雹、雷暴大风和短时强降水。但阵风锋的出现不仅仅是激发雹暴的一个条件，也可作为对流风暴进一步发展加强的正反馈机制，常常作为强灾害天气的一个预报指示因子。

由于海、陆下垫面加热不均匀，海风从海面向陆地推进的过程中遇到陆地上比较热的空气层会形成海风锋，海风锋的强迫抬升、辐合作用对于雹暴的激发十分有利。我国沿海地区雹暴的发生发展与海风锋的关系密切，如郭晓军等(2012)对天津地区一次雹暴天气过程分析表明海风锋带来了丰富水汽、冷空气及其抬升作用，与内陆温度较高的干燥层结相遇，在地面辐合区的配合下激发雹暴；易笑园等(2012)分析天津地区一次多单体雹暴指出在地面局地不稳定区域配合下，湿冷的海风锋辐合系统是触发雹暴的机制。

露点锋又称为干线，主要表现在地面或850hPa面上，比露点水平梯度强烈的狭窄带，其一侧是暖而干的空气，另一侧是冷而湿的空气，两侧的露点温度可相差 10℃。露点锋对对流活动起扰动源的作用(Rhea，1966)，是具有自身垂直环流的中尺度系统，常常是激发雹暴的天气系统之一。如淮北地区的雹暴天气发生前，500hPa 上常存在东北冷涡，后部有一横槽，槽后为干冷平流，850hPa 以下常为西南气流，并有暖中心与之配合，雹暴发生前对应区域几乎都存在地面辐合线，同时常伴有露点锋，在中高层干冷平流叠加在低层暖平流上形成的不稳定层结下，近地面露点锋、中尺度辐合线及冷锋等共同的抬升作用触发对流发生发展，最终触发冰雹天气(陈邦怀，2013)；李江波等(2011)研究华北冷涡造成的连续降雹天气表明露点锋是造成雹暴天气的重要触发机制，露点锋触发山区对流云团发展，形成冰雹等强对流天气。

在高空急流影响下发生的雹暴天气，高层通常对应着强辐散，低层若有低空急流的存在，高低空急流的耦合作用可产生强烈上升运动，对于雹暴的发生发展十分有利。如盛杰等(2014)对一次雹暴分析指出 850hPa 存在低空急流，低空急流出口处对应明显切变线系统，切变线上和急流出口处存在较强辐合上升运动，有利于启动低层的暖湿气块抬升，同时 200hPa 上有一高空急流，其入口区与低空急流出口区对应，高空急流形成的干冷平流加强热力不稳定，耦合产生的次级环流上升支触发不稳定能量释放，在激发雹暴的同时也具有维持、加强雹暴的作用。

总之，边界层辐合线是激发雹暴的重要条件，也是最常见的触发机制。冷锋、干线、海风锋、露点锋等天气系统造成的抬升运动为触发对流不稳定能量、对流云提供了动力条件，同时这些边界层辐合线对于气象风暴灾害的指示作用也很强，对边界层辐合线的关注对于雹暴天气的预警预报都有重大意义和参考价值。除边界层辐合线外，高低空急流的耦合、切变线系统也可触发环境中不稳定能量的释放，激发雹暴天气。

3.2.2 重力波激发条件

重力波是因静力稳定大气受到扰动而产生的惯性振荡的传播，重力波分为重力内波和重力外波(表面重力波)，其中常作为激发对流条件的是重力内波。重力内波是流体连续且层结稳定时(即层结稳定大气中)，在流体内部，垂直向受到扰动形成浮力震荡，浮力振荡通过水平辐散辐合作用传播形成。其中浮力振荡只有在稳定层结下才能形成回复机制，使振荡传播出去形成波动。因此，本节所讨论的激发雹暴的重力波均为重力内波。

大气重力波的变化与许多天气过程的发生相关，在雹暴天气过程中重力波的演变特征更加明显，重力波的重力振荡、垂直向上的传播可以激发对流运动，它可能引起各种中小尺度局地环流突然变化。在大气层结不稳定区域，重力波造成的对流扰动可以触发雹暴天气。Koch(1985)指出高空急流下面的切变不稳定层内产生的重力波与强对流的激发有关，但在学术界对于究竟是重力波激发了强对流还是强对流激发了重力波一直存在不同看法，自20世纪70年代后学术界对于强对流天气重力波的许多研究集中于重力波作为激发强对流的一种动力机制。

早期 Uccelini(1975)便指出周期为 2.7～3h，振幅 50～250Pa 的重力波是激发雹暴的一个因子，近年研究表明在强对流天气的爆发性增长前有较长周期(1～4h)，但实际是间隔 1～2h 的较短周期的大振幅(30Pa 以上)的重力波列间歇出现，如巴特尔等(2007)研究表明一定比例的雹暴天气过程在降雹发生前的 1～4h，有时间间隔 1～2h 的中心振幅大于等于 30Pa 的重力波列间歇出现，周期为 30～70min。以呼和浩特一次雹暴天气过程的重力波动态谱为例，如图 3.5 所示，此次降雹发生在 4:55～5:00，在 1:10 左右出现了中心振幅为 15Pa、周期为 55～70min 的重力波，随后减弱，在 2:40～3:00 重力波振幅再次加强，中心振幅达30Pa，周期为10～30min，第三次振幅加强出现在3:40～4:00，中心振幅达50Pa，周期为 15～35min，随着降雹临近，4:15 开始重力波振幅增长明显，10min 内中心振幅增长到 1000Pa，周期为 3～130min。覃卫坚等(2010)对一次雹暴天气中惯性重力波的观测和模拟分析也得到了类似结论：降冰雹前，每隔 1～4h 出现一次短周期重力波阵性增强的现象，雹云发展和雹块增长中存在上升气流的多次起伏，其平稳间歇期可能是造成这种现象的根源，同时由模拟结果发现由于大气耗散作用造成不同周期重力波的传播差异，短周期重力波更容易向垂直方向传播，这可能就是降雹发生前每隔一段时间重力波振幅增强的原因，而长周期重力波更倾向于水平方向传播。

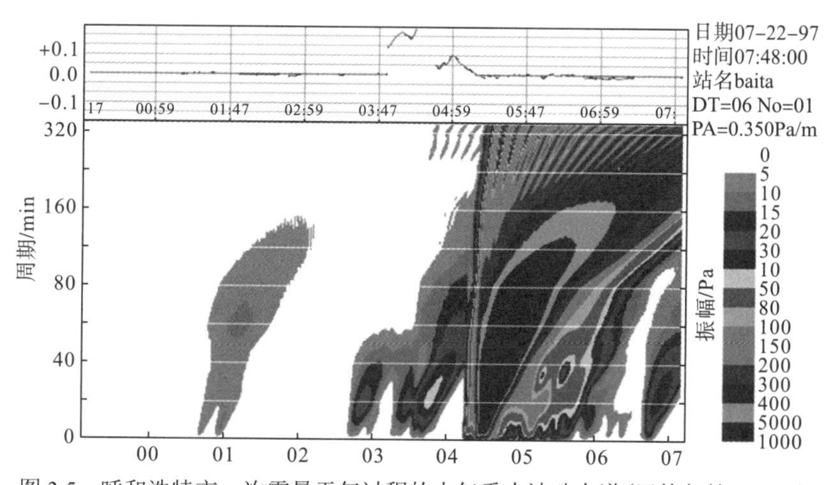

图 3.5　呼和浩特市一次雹暴天气过程的大气重力波动态谱(巴特尔等，2007)

这种激发雹暴等强对流天气的重力波主要由地形、高空急流、低压系统、中尺度强对流及露点锋激发产生，李启泰等(1993)对不同产生源进行了概括总结，并指出雹暴天气中重力波活动特征表现为降雹前有30hPa以上大振幅、宽周期谱的重力波列间歇出现，区别于弱降雹和一般雷暴过程，这两个天气过程前期没有出现这种重力波的强烈活动。对于不同的重力波产生源总结如下。

(1)地形。高度差较大的山地地形常常激发强重力波，山地区域也常是雹暴等强对流天气的发生发展区，地形条件对雹暴的激发下文将会介绍。

(2)高空急流。高空急流出口区下面的气层存在强垂直风切变，强垂直风切变本身就有利于雹暴的发生发展，在理查逊数小于 0.25 的切变不稳定气层中容易产生大振幅的切变重力波(Koch，1987)，而且一般来说，理查逊数越小，重力波振幅越大。

(3)低压系统。上文提到的边界层辐合线、切变线以及台风等天气尺度系统在其生命期内的经历的地转平衡的调整过程中都有重力波产生(Stobie et al.，1983；Uccelini，1975)。

(4)中尺度强对流。强对流风暴在其垂直发展过程中，可以在具有不同稳定度的气层内激发大振幅重力波，所激发的重力波可以激发另一批对流系统。

(5)露点锋。湿度不连续的露点锋(干线)也可以激发重力波。

3.2.3 下垫面类激发条件

1. 地形激发雹暴

地形对空气的强迫抬升作用也可促进对流的发展，从而激发雹暴。Mahovic 等(2014)对克罗地亚一次雹暴天气分析表明，丘陵地形的抬升作用激发了对流，在冷锋配合下形成强降雹天气，冰雹直径超过 3.6cm。通常山区的迎风坡对空气的抬升辐合作用较强，但要求气流需与山脉近乎正交吹向迎风坡，同时气流中潮湿，层结不稳定，如付双喜(2006)对甘肃一次雹暴天气分析发现低层有一股与山脉近乎正交的强气流吹向迎风坡，气流中的空气潮湿，层结又不稳定，地形抬升辐合作用使得迎风坡首先产生对流回波，并发展加强造成局地冰雹。此种局地地形引起的辐合也属于边界层辐合线的一类。图 3.6(b)为北京一次雹暴天气发生前观测的地面流场，可见西侧存在明显辐合，结合图 3.6(a)可见其实际为地形辐合线，而雹云强对流便是从此辐合线上产生，此次雹暴过程属于典型不同平流型降雹过程，在高层干冷、低层暖湿的温湿环境配置下在地形影响下触发。此外，除动力强迫作用外，山区地形还具有热力强迫作用，为雹暴天气的发生提供更有利的热力不稳定条件。如王华等(2007)对北京地区一次雹暴天气研究表明由于下垫面受热不均匀，北京地区西部山区形成局地环流，提供了有利的热力不稳定条件，配合地形的动力强迫抬升使得对流云在西部山区形成发展。

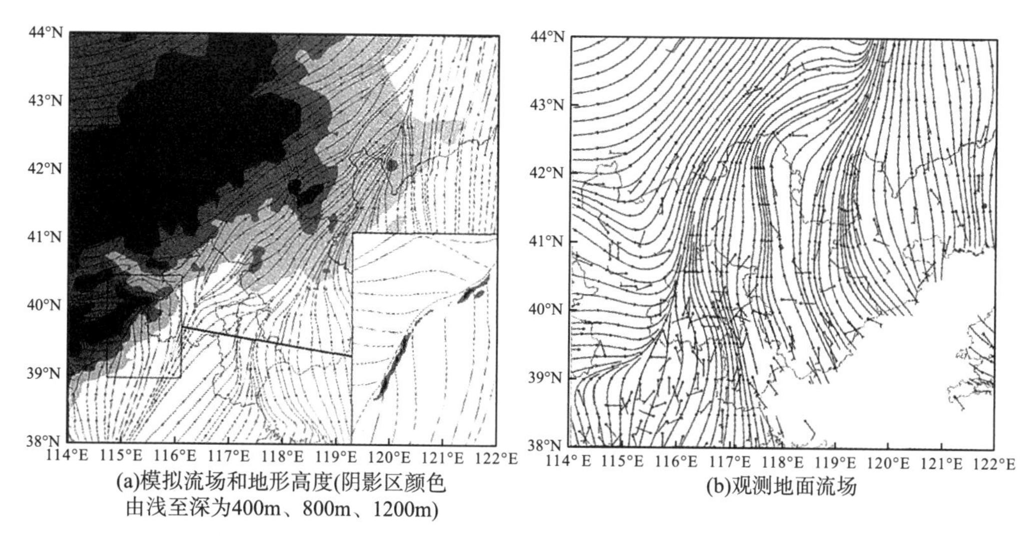

(a)模拟流场和地形高度(阴影区颜色由浅至深为400m、800m、1200m)　(b)观测地面流场

图 3.6　北京一次雹暴发生前的地面流场（王秀明等，2009）

2. 下垫面热力差异激发雹暴

下垫面的热力作用也是雹暴激发的条件之一，下垫面受热不均匀，局地气温更高，在近地层形成不稳定层结。上文已经提到山地地形的热力强迫作用形成的局地热力环流对雹暴的激发作用，此外海陆的热力差异、城市与郊区的热力差异等下垫面条件对雹暴的激发作用也不可忽视。早期国内学者便指出下垫面的热力不均匀性可激发雹暴、龙卷等强对流天气(沈树勤，1991)。例如江苏省的冰雹趋向于发生在靠近海岸一侧的暖陆上，本节之前提到的边界层辐合线中的海风锋便是此类下垫面热力不均匀形成的激发雹暴的天气系统。除此之外，地面温度的分布不均匀也可激发雹暴，不同土壤导致的地温差异形成低温“锋”区，地温水平不均匀分布可促使不稳定热对流形成发展，雹暴天气常形成于地温偏暖一侧。

而由于城市城区与郊区下垫面物理属性的差异，太阳辐射造成的城区气温上升速度更快，城区气温的升高伴随着气压降低，形成低压中心，地面风场向城区辐合，形成的地面风场辐合线提供的持续上升运动、水汽等条件使得对流活动更剧烈，可以造成强冰雹天气。

3.3　雹暴的热力特征

雹暴等强对流天气本身是一种热力对流现象，有利的环境热力条件对于雹暴的发生发展至关重要，热力场特征也是天气分析、预报中必不可少的一部分，了解雹暴热力特征对雹暴天气的预报预警具有重大意义。事实上，不同区域、类型的雹暴热力特征均相似，本节以我国的雹暴天气为例对雹暴天气过程的热力特征进行介绍。按照不同的天气影响系统以及前文讨论的环流特征，我国发生的雹暴天气主要可分为高空冷涡型、西北气流型及高空低槽型，本节将分别介绍各类型雹暴的热力特征。

3.3.1 高空冷涡型雹暴

冷涡是冷性低涡的简称，指的是位于高空(一般指 700hPa 以上)且中心气压与中心温度均低于四周的涡旋天气系统。影响我国雹暴天气常见的高空冷涡系统主要有贝加尔湖冷涡、华北冷涡、蒙古冷涡和东北冷涡，其中以东北冷涡最为著名。通常来说，雹暴发生前低层水汽条件较好，中高层水汽条件较差，在上干下湿的水汽分布条件下伴随着下暖上冷的温场配置，中高层冷涡带来的冷空气不仅加强了环境大气不稳定度，对雹粒的形成也十分有利，形成的热力不稳定层结为雹暴的发生提供了有利条件。

图 3.7 所示为在东北冷涡影响下郑州的一次强雹暴过程发生前的位温曲线(θ)、假相当位温曲线(θ_{se})、饱和状态下的假相当位温曲线(θ^*_{se})，可看出，三 θ 曲线在 1000～850hPa 的低层上，表现为明显的对流稳定性层结，有利于水汽的积累，为本次强降雹提供了充足的水汽；同时低层稳定层结的存在也非常有利于不稳定能量的积蓄，一旦遇到强的外部抬升力冲破不稳定层结，可导致强对流天气的发生。在 850～600hPa 的中层上则为明显的对流性不稳定层结($\theta_{se}/z<0$)。在 1000～850hPa，θ_{se} 和 θ^*_{se} 较为接近，在 850～500hPa，两曲线相差较大，这一特征反映出该区域上空低层水汽饱和程度高，而中层水汽饱和度较低，这种低层潮湿、中空干燥的特点，正是符合冰雹生成发展的层结。同时郑州地区持续受大陆暖高压控制，出现连日高温天气，配合西南暖湿气流带来的水汽，低层空气暖湿，有利于不稳定能量的积蓄。在此背景下，东北冷涡南压带来的冷空气影响郑州地区，300hPa 的冷平流与 850hPa 的暖平流配置加大不稳定度，高空的强冷空气有利于雹粒的形成。同样，由贝加尔湖附近冷涡、华北冷涡影响发生的雹暴具有类似的热力特征，如王秀明等(2009)对一次由于贝加尔湖冷涡东移南下影响北京地区发生的雹暴天气分析表明，低层存

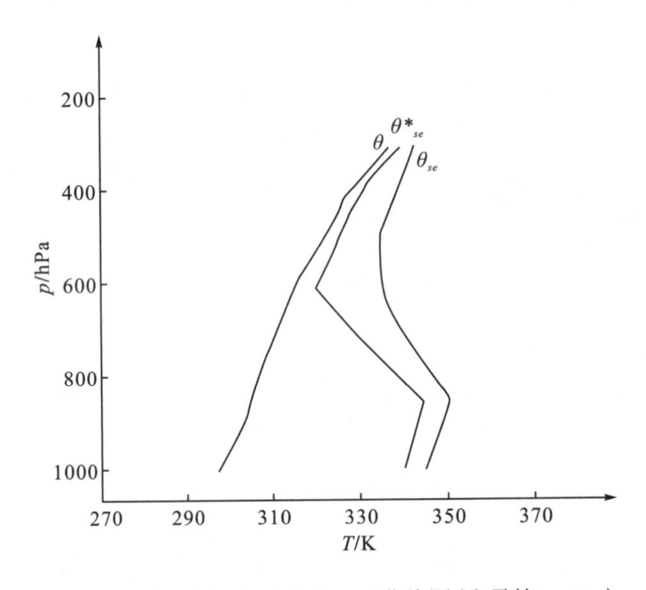

图 3.7 一次强雹暴发生前的三 θ 曲线图(张霞等，2005)

在强盛的暖湿气流，暖湿舌延伸到44°N，500hPa有较强暖平流，为典型上冷下暖的热力不稳定结构，探空曲线显示600hPa以上空气湿度迅速减小，即上干下湿的配置；闵晶晶等(2011)对在华北冷涡背景下天津出现的罕见大冰雹过程的分析表明前倾结构的高空槽使高层干冷空气叠加在低层暖湿空气上，导致不稳定层结出现上层干冷、下层暖湿的潜势不稳定层结。

除了上干冷下暖湿的典型温场配置外，冷涡型雹暴发生前还常存在比较深厚的逆温层，有利于积聚雹暴发展需要的高静力能量，在一定条件下(如地面加热、垂直上升运动)，逆温层会被破坏，从而激发对流形成雹暴。如许新田等(2010)对陕西一次蒙古冷涡分裂下滑冷槽影响下发生的一次持续性雹暴天气研究表明，陕西中部(107°～111°E)850hPa以下，近地面层存在较弱的冷平流，往上700～800hPa有较显著的暖平流，如图3.8(a)所示，在中高层冷平流明显，冷平流中心在250hPa，200hPa往上变为暖平流，因而低层存在逆温层，低层稳定而中高层不稳定，图3.8(b)所示的θ_{se}经向剖面图也表明低层逆温层的存在，在36°N左右中层大气为θ_{se}低值区(56℃)，在850hPa以下θ_{se}随高度增加，温度高于近地面层，即存在逆温层，逆温层(干暖盖)隔开低层暖湿空气与中高层干冷空气，逆温层以下的空气在平流、地面辐射加热作用下更暖湿，中高层更冷，有利于积蓄对流所需能量，为雹暴天气的发生发展提供条件。有关华北、东北冷涡型雹暴的研究也指出在雹暴发生前低层存在逆温，不稳定能量较大(杨敏和丁建芳，2015；迟竹萍和刘诗军，2005)。

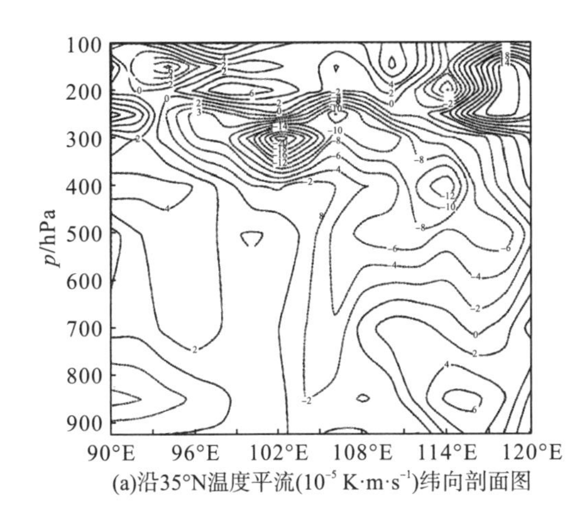

(a)沿35°N温度平流(10^{-5} K·m·s^{-1})纬向剖面图

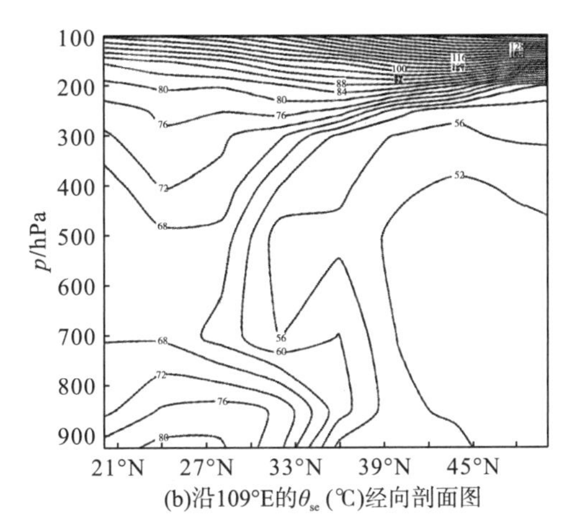

(b)沿109°E的θ_{se}(℃)经向剖面图

图3.8　雹暴发生前对应区域的温度平流纬向剖面图和θ_{se}经向剖面图(许新田等，2010)

在强对流天气过程中，对流有效位能(convective available potenticl energy，CAPE)和抬升指数(Life the index，LI)是表征热力性质的主要参数，CAPE表示可转化为气块垂直上升运动即对流动能的能量，LI是指气块自地面沿干绝热线抬升，到达抬升凝结高度后再沿着湿绝热线上升至500hPa具有的温度与500hPa环境温度之差。CAPE与雹暴等强对流天气的强弱有很好的对应关系，通常CAPE值越大，对流活动或者说产生的天气越剧烈。研究表明高空冷涡型雹暴CAPE在雹暴发生当日(发生前)达到最大，雹暴的发生区域通常对应着CAPE高值区。例如苏爱芳等(2012)对一次东北冷涡背景下的雹暴天气研究表明 CAPE 在雹暴发生前较大，强降雹区域的 CAPE 在雹暴发生前达到 $1552J\cdot kg^{-1}$，雹暴发生发展后，随着不稳定能量的释放 CAPE 降到 $457J\cdot kg^{-1}$；李江波等(2011)对京津冀 19 次华北冷涡造成的连续降雹分析指出，CAPE 对降雹的强度和落区具有较好的指示意义，降雹前 CAPE 明显增大。京津冀发生的华北冷涡型雹暴天气绝大多数在午后到傍晚这一时间段(15:00～19:00 居多)发生降雹，如图 3.9 所示为 2014 年 6 月 18 日～24 日京津冀连续降雹天气过程在 8:00 和 14:00 的平均对流有效位能，可见临近降雹前(14:00)京津冀区域的平均对流有效位能明显大于 8:00 的。除 CAPE 高值区外，雹暴的发生区域还常与 LI 低值区(绝对值大)对应，例如廖晓农等(2008)对北京一次蒙古冷涡背景下的雹暴过程分析表明北京地区位于 CAPE 高能区中心，LI 也不断减小，CAPE 的增加与高层降温、低层增湿及太阳辐射、暖平流导致的低层增温相关。

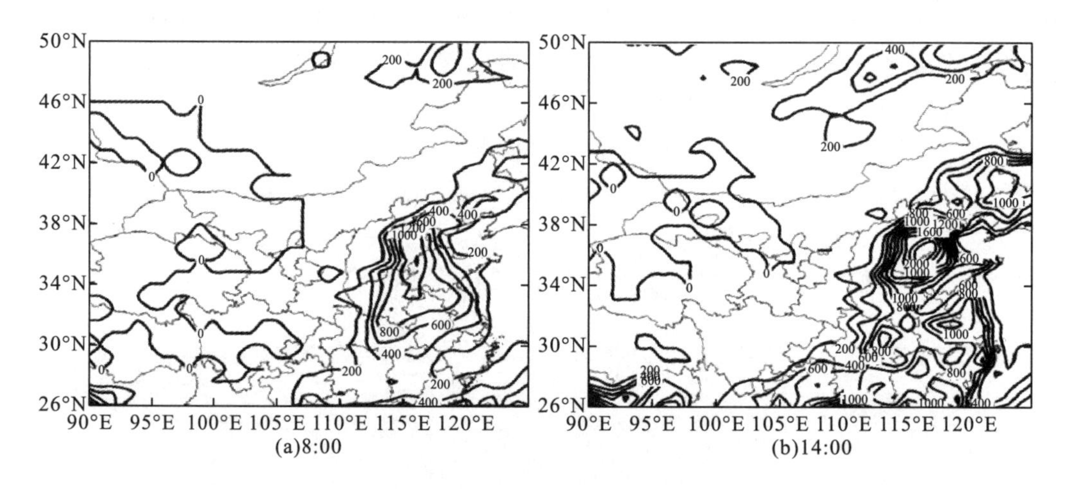

图 3.9 2014 年 6 月 18 日～6 月 24 日平均对流有效位能(单位：$J\cdot kg^{-1}$)(李江波等，2011)

3.3.2 西北气流型雹暴

西北气流型雹暴的典型特征是中高层为西北气流带来的冷平流建立不稳定层结，增强不稳定能量，促进雹暴的发生发展。与常见的强对流天气热力特征相同，上冷下暖的温场配置是雹暴发生的有利条件，例如我国江苏地区影响降雹的主要天气系统是沿海槽后的西北气流，稳定的西北气流使得江苏地区上空冷空气明显，500hPa 为冷平流，700hPa、850hPa 为暖平流，温度差动平流很大，属于典型的上冷下暖的不稳定配置；吉惠敏等(2006)针对我国甘肃地区的西北气流型雹暴的研究也表明，西北气流带来的冷平流维持并加强了不稳定层结，在高低空均为冷平流，但冷平流随高度的增加而加强，差动温度平流的存在为雹暴的发生提供了有利条件，在 500hPa 干冷空气与地面能量锋的配合下触发对流。

同样，西北气流型雹暴发生前也会出现 CAPE 值激增的现象，降雹区的对流有效位能较大，同时 CAPE 的高值区与 LI 的低值区对应。例如刘一玮等(2011)分析了天津汉沽地区一次西北气流型雹暴，发现在雹暴发生前汉沽为 CAPE 高值区与 LI 的低值区，降雹前 CAPE

随时间不断增大，临近降雹时达到峰值，冰雹发生后明显减小，而 LI 在降雹前随时间不断减小(绝对值增大)，如图 3.10 所示，可见着大气层结趋于不稳定，热力作用明显。

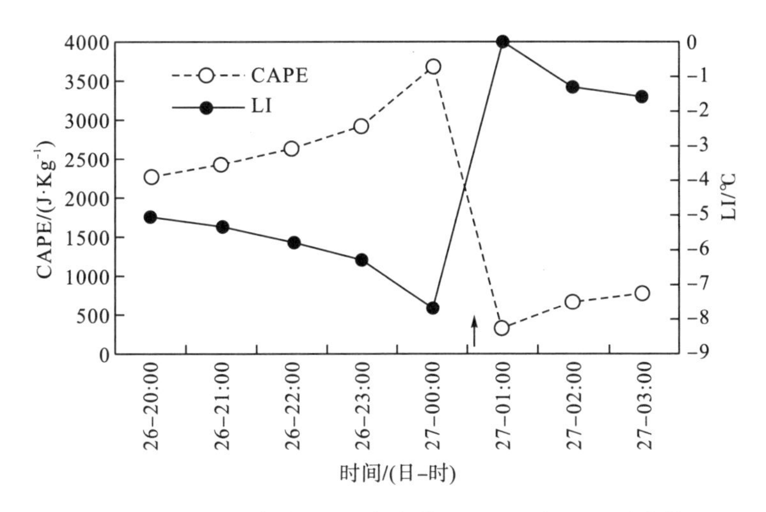

图 3.10　天津汉沽地区雹暴发生前后 CAPE 和 LI 逐时变化
(箭头表示冰雹发生时间)(刘一玮等，2011)

3.3.3　高空低槽型雹暴

高空低压槽是活动在对流层中层西风带上的短波槽，其槽后盛行干冷的西北气流，包括前倾槽、垂直槽及后倾槽。造成雹暴天气的低槽常常有明显温度配置(即冷舌)与之配合，更容易发展、加深、移动，因此也常称为高空冷槽型雹暴。

高空低槽带来的冷空气与低层的暖湿气流作用形成的不稳定层结是形成此类雹暴的典型配置，例如华北冷性低槽东移南压，与地面冷锋、低空切变线配合产生雹暴天气过程，在 500hPa 上低压冷槽带来的冷平流与低层西南暖湿气流的输送在对流层中层形成大范围上冷下暖的不稳定层结(李文娟，2006)。逆温层(干暖盖)也存在于该类雹暴天气，例如王莉萍等(2010)对河北一次雹暴过程的研究表明雹暴发生前雹区总体呈高层干冷、下层暖湿的不稳定层结，低层 890～950hPa 为逆温层，在临近雹暴发生前被破坏。雹暴发生前 CAPE 的突增、大 CAPE 值也是高空低槽型雹暴的热力特征之一，例如郭媚媚等(2012)对一次高空槽影响下的雹暴天气的研究表明雹暴发生前 CAPE 明显增加，较高的 CAPE 值造成雹暴的迅速发展；赖珍权等(2013)对两次高空槽影响下的强对流天气分析表明，产生冰雹的天气过程 CAPE 值达 2409J·kg^{-1}，产生强降水的天气过程 CAPE 值仅为 676J·kg^{-1}。

事实上，高空槽中还有一类低槽常常影响雹暴天气，在广西地区它是影响雹暴天气的主要系统，即南支槽。南支槽是活动于低纬度南支西风急流核南支西风气流中的短波天气系统，与上文提到的高空冷槽不同，它更多是带来西南的暖湿气流，西南急流与南下的冷空气的配合形成雹暴。研究表明，广西 1970 年以来持续出现三天以上的降雹过程均有南支槽的影响(姚胜芳等，2007)，不仅仅是广西，南支槽对云南、贵州及广东、湖南等区域降水、降雹天气的发生均有影响。南支槽型雹暴与其余雹暴类型相同，逆温层的存在是其典型的热力特征，例如王崇洲和贝敬芬(1992)指出南支槽前暖湿平流的东扩使得长江中游地区 700hPa 出现爆发性增湿增温，形成逆温层，产生雹暴等强对流天气；李英(1999)研究表明雹暴发生前低层出现了逆温层，这种暖干盖的结构有利于不稳定能量的积聚，产生强烈的对流天气。此外干冷空气的入侵与南支槽带来的暖湿气流及形成的西南急流的辐合抬升作用的共同影响也是该类雹暴发生的主要特征，雹暴发生前 CAPE 也会出现显著增大的现象(龚婉等，2015)。

3.3.4 小结

除上述热力不稳定特征外，对于各天气类型雹暴的发生，适宜的 0℃层、-20℃层高度必不可少。0℃层和-20℃层分别是云中冷暖云分界线高度和大水滴的自然冰化区下界，是表示雹云特征的重要参数。0℃层是云中水分冻结高度的下限，而-20℃层是大水滴自然成冰温度，两个温度层的高度对于识别雹云十分重要。雹暴中冰雹增长需在 0℃层以上，大冰雹增长区往往达到-20℃层附近或者更高(Miller et al.，1988；Nelson，1983；Browning and Foote，1976)。适宜的 0℃层和-20 ℃层高度有利于雹粒的增长，-20℃层与 0℃层间的厚度较小时，大气层结越不稳定，越有利于生成大雹。一般来讲，-20℃层的高度在 500～400hPa 时，有可能出现冰雹，需注意有利于雹暴发生的 0℃层和-20℃层适宜高度随纬度和季节的不同有所变化。

总的说来，不同天气系统影响下的雹暴热力特征普遍相似，其均在上干冷下暖湿的热力环境场中发生，同时低层时常还伴随逆温层的存在，而逆温层的存在对于不稳定能量的积蓄有重要作用，有利于雹暴等强对流的发生。事实上，较早时候我国学者雷雨顺(1983)对我国东部地区 145 次大范围降雹进行了综合分析便得到了相似结论，该地区雹暴按照其发生前的中、低层温度条件可分为冷性雹暴和暖性雹暴，一般暖性雹暴为强雹暴，其主要成因为低空异常暖湿或高空异常冷，同时层结潜在不稳定、干静力温度较小，以及适当的水汽含量、中低层存在的暖盖等也是激发雹暴的条件。此外，雹暴发生前热力参数——对流有效位能(CAPE)的明显增加以及雹暴发生区域常常对应 CAPE 高值区是雹暴热力场的重要特征，并且 CAPE 的高值中心还常与抬升指数(LI)的低值区(绝对值大值区)对应。

3.4 雹暴的动力特征

在雹暴天气过程的发生发展中，动力条件对其发展强度、持续时间以及降雹大小有重要影响，例如观测表明雹云内上升气流速度极大值可达 40m/s，而上升气流的强度与雹云的发展高度以及水汽输送、冰相粒子的积累等密切联系，因而又影响了冰雹的形成及增长、闪电的活动。因此，了解雹暴的动力特征有利于更清晰地认识雹暴的发生发展、分析雹暴内的物理过程，对于雹暴的预报、防雹工作也至关重要。雹暴可分为单体雹暴、多单体雹暴及强(超级)单体雹暴，其中多单体雹暴和强单体雹暴形成的雹块更大、造成的灾害更严重，强单体雹暴的特征是有一支强烈的上升气流，只有一个大单体，具有典型前悬回波、弱回波区和回波墙，多单体雹暴由一些处于不同发展阶段的生命史短暂的对流单体组成，最大的特征就是对流单体的新生、合并以及多个核心。本节将对超级单体雹暴和多单体雹暴的动力特征展开介绍。

3.4.1　超级单体雹暴

超级单体雹暴也称作强单体雹暴，仅由一个很大的单体构成，具有一对强烈而有组织的上升气流环持续并存，因而雹暴稳定持续，持续时间可达几个小时。超级单体雹暴这个概念最早由 Browning 等(1976；1963；1962)提出，他指出超级单体雹暴的弱回波区特征，而穹隆的位置即是强上升气流的标志。有组织的上升气流是强单体雹暴重要的动力特征。对于此弱回波区，王昂生和徐乃璋(1985)研究表明这个弱回波区对于强单体雹暴是否会造成严重雹灾有一定指示作用，他将强单体雹暴分为大的有界弱回波区雹暴、小的有界弱回波区雹暴和无弱回波区雹暴，其中具有大的有界弱回波区雹暴上升气流最强，有利于大冰雹形成，造成的雹灾最严重。

通常超级单体雹暴的强上升气流呈倾斜状态，同时雹暴内气流还具有旋转特性，这个特征最早由 Donaldson(1970)通过多普勒雷达观察到，较早时我国学者也发现了此特征，例如葛润生等(1998)研究指出超级单体雹暴内的强上升气流呈倾斜状态，而雹云内的气流还会出现强烈旋转。随后的研究表明超级单体雹暴总是与中气旋联系在一起，中气旋这一概念最早由 Fujita(1973)提出，随着学术界对超级单体雹暴研究的深入，超级单体雹暴被定义为具有深厚、持续中气旋的强对流风暴，在时间和空间上有持续的上升气流和涡度中心，这也是超级单体雹暴与其余强风暴的一个本质区别，这个中气旋的存在也有利于大冰雹的形成。近年针对超级单体雹暴的观测研究及数值模式模拟研究也表明雹暴具有倾斜上升气流与旋转特征，例如蔡淼等(2014)对一次超级单体雹暴研究表明雹暴初生阶段便逐渐形成有组织的倾斜上升气流，并贯穿云体上下，有利于雹暴的发生和维持，在其成熟阶段中低层径向速度存在明显中气旋，这个中气旋的强度随雹暴发展增强，同时云内有倾斜的强上升气流。

超级单体雹暴内的强上升气流通常由低层的辐合上升作用形成，低层辐合与雹云上层、云顶的辐散对上升气流的维持有重要作用，也是超级单体雹暴的重要动力特征。在第三节雹暴的激发条件中已经提到边界层内的辐合上升有利于雹暴的发生发展，而中高层的辐散有利于对流运动的维持，风暴顶的辐散可以作为判断强冰雹的一个指标，表现在径向速度图上为风暴顶的正负速度差值(ΔV)很大。风暴顶辐散这一特征最早由 Witt 等(1984)提出，在随后的研究中指出风暴顶的正负速度极值差值与地面最大降雹尺寸相关系数高达 0.89，如图 3.11 所示，强冰雹的 ΔV 阈值为 38m/s(Witt et al.，1991)。早期国内学者甄长忠(1981)也指出一次超级单体雹暴过程在中高层具有强烈的辐散，在 380～220hPa 辐散集中，最大辐散量为 $9.1\times10^{-5}\,S^{-1}$。数值模拟研究结果也证实了雹云中高层辐散这一特征，例如刘术艳等(2004)通过模式模拟研究表明雹暴的气流结构表现为下层水平气流辐合、上层水平气流辐散，在雹云的成熟阶段，其低层辐合明显强于雹云发展阶段。

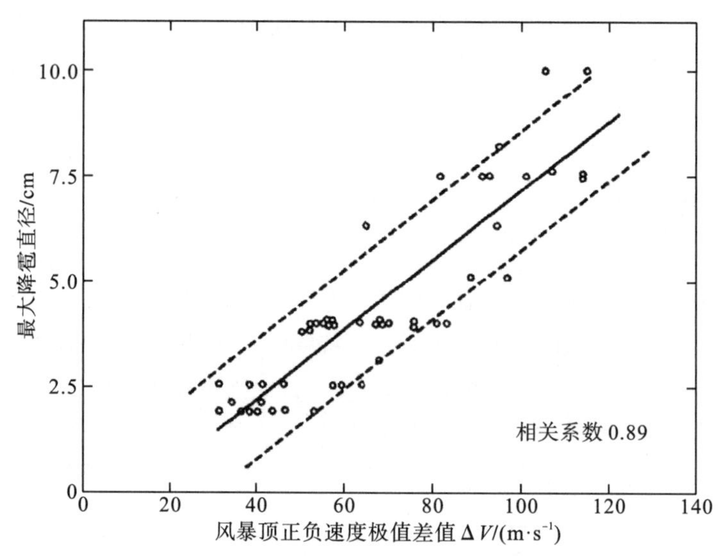

图 3.11 风暴顶正负速度差值与地面最大降雹直径经验关系(Witt et al., 1991)

超级单体雹暴的动力特征主要表现为倾斜的强上升气流、强烈的旋转(中气旋)、低层辐合、中高层(风暴顶)辐散的气流结构。强上升气流形成的弱回波区、风暴顶的辐散对于超级单体雹暴是否会产生大冰雹具有一定指示作用，雹云内强烈的旋转也有利于雹云的发展、维持，有利于超级单体雹暴的持续，中气旋的存在对降雹过程的强弱也有一定的指示意义。

3.4.2 多单体雹暴

多单体雹暴系统由处于不同发展阶段的生命史短暂的对流单体组成，沿雹暴系统移动方向的上游至下游可以同时存在处于发展、旺盛、消亡三种阶段的对流单体(Fovell, 1988)。其中对流单体的新生、合并使得雹暴强度增强，持续时间更长，多单体雹暴与超级单体雹暴常常是产生雹灾的雹暴天气系统，而多单体雹暴最为常见。区别于超级单体雹暴，多单体雹暴内单体的新生与合并过程是其最重要的特征。观测表明，多单体雹暴中每个单体的生命史为 15min(±2min)，一次完整的生消过程在 1h 左右(NHRE，1975)，我国学者龚乃虎等(1981)研究甘肃一次多单体雹暴表明整个单体的完整生消过程约 1.5h，并指出此次雹暴新单体不断在右侧发展，老单体不断在左侧消失。对于对流单体的新生，学术界提出了两种主要机理，一是认为新生单体主要由对流系统前沿的辐合引起，辐合由先前对流系统的下击气流造成(Thrope et al., 1978)，暖湿气流流入新单体内使得新单体快速发展，同时原来的单体慢慢消亡；二是综合考虑动力、热力因素，认为新生对流单体是由于初始对流产生的降雨造成冷池、密度流向外扩展，形成的阵风锋产生辐合上升运动激发新生单体，即主体对流形成的冷池边缘有强烈的阵风锋上升运动(Fovell et al., 1998; Lin et al., 1998)，阵风锋前沿的上升运动是多单体雹暴天气过程的重要动力特征。

观测到雷暴单体的合并是在雷达探测技术发展之后，学术界提出了多种类型的单体合并过程，例如“喂养型”单体合并过程(Dennis et al.，1970)，即距父单体不远处，在距地面几千米的高度上有新单体生成并发展，然后与父单体合并。易笑园等(2012)研究表明喂养型单体合并过程中，父单体为附近子单体的成长创造了有利的局地环境条件，其中父单体内部存在强上升气流，风暴顶的辐散覆盖周围区域，局地辐散场的存在又有利于上升气流的发展，这便为子单体的发展提供了有利动力条件。而风暴中的下沉气流也有利于单体的合并，下沉气流在低层产生的辐合作用可以在两个单体之间激发出新的回波，即云桥现象(Simpson et al.，1980)。

与超级单体雹暴相同，多单体雹暴同样具有强上升气流，低层辐合、风暴顶有明显辐散，风暴顶的辐散对于雹暴系统中旧单体、新单体的合并有重要作用。多单体雹暴中由于主对流单体(前对流单体)降水导致的下沉气流有利于对流单体的新生、新老单体的合并，包括下沉气流在对流前沿产生的辐合上升作用、主体对流形成的冷池边缘的阵风锋上升运动，暖湿气流进入新生单体使得其快速发展，同时阻止了旧的单体暖湿入流，因而新单体取代旧单体成为主对流单体。

而无论是超级单体雹暴还是多单体雹暴，环境风的垂直切变均是其区别于普通对流天气的重要动力特征，在给定的大气热力条件下，环境风场的垂直切变特征对雹暴的发生发展有重要影响，也是决定对流风暴的组织结构和强弱的关键因子之一。垂直风切变分为深层垂直风切变和低层垂直风切变，低层垂直风切变用 0～1km 风矢量差大小代表，深层垂直风切变用 0～6km 风矢量差大小来代表。详细来说，首先环境风垂直切变可以引导降水及其下沉气流远离低层的入流上升气流，保证上升气流的持续性，在风暴一侧的辐合加强、维持，从而延长了风暴的生命史；同时，风暴中上升运动与环境风垂直切变的相互作用可以产生稳定旋转，垂直风切变产生水平涡度，然后沿着风暴入流进入风暴内部，随着入流在风暴内成为垂直上升气流，水平涡度转换成为垂直涡度，加强了风暴中的垂直涡度，导致风暴中深厚的中尺度气旋的形成，旋转的上升气流保证了雹暴的发展和冰雹的增长。其次，垂直切变可以增强中层干冷空气的吸入，加强雹暴内的下沉气流和底层的冷空气外流，而后通过强迫抬升，使流入的暖湿空气更强烈地上升，导致对流加强。

综上可知，雹暴典型的动力特征包括强烈的上升气流、低层的辐合与风暴顶的辐散以及较强的环境风垂直切变。其中超级单体雹暴是具有深厚、持续中气旋的强对流风暴，强烈的旋转上升运动是其最重要的也是区别于多单体雹暴的动力特征。需指出上升气流与下沉气流并存也是超级单体雹暴与多单体雹暴的共同特征，多单体雹暴本质是一个由不同发展阶段的对流单体形成的一个雹暴系统，主对流单体降水形成的下沉气流在对流前沿产生辐合上升，冷池边缘的阵风锋前沿的上升运动对于新生单体的发生发展、新旧单体的交替有重要作用，在超级单体雹暴中下沉气流有利于雹暴的维持，在多单体雹暴中这种强烈下沉辐散气流是一种触发机制，触发新单体的形成，使得多单体雹暴持续发展。

3.5 雹暴的微物理特征

雹暴系统中，根据雹云内水成物粒子相态、形态、大小等物理特性的差异及下落、增长过程的不同可分为云滴、雨滴、冰晶、霰、雹。雹暴天气过程最重要的特征即降雹，产生降雹的积雨云称为冰雹云。冰雹是直径大于5mm的固体降水物，具有多种形状，多为球形、椭球形和锥形，其中球状最普遍，同时有少量不规则形状如锯齿状，通常大冰雹表面存在“瘤子”状的特殊形态。雹云的微物理过程与冰雹粒子的形成关系密切，同时云内微物理过程会影响云内电荷强度及其电荷结构分布，雹云内起电过程也与云内的水成物粒子密切相关。此外研究表明雹云中冰相形成释放的潜热可使云体发展更加旺盛，甚至影响雹暴动力结构及生命史(康凤琴等，2004；孔凡铀等，1990)。因此本节从雹胚的形成与雹胚增长为冰雹两个方面对雹暴内的微物理特征进行介绍。

3.5.1 雹胚的形成

在探讨雹胚的形成前，有必要介绍一下云内的凝结核及冰核，这与大气云雾粒子、雹云中雹胚的形成密切相关。大气中的水汽形成水滴、冰晶或者液态水滴中产生冰晶是一个相态的转变过程，相态的变化首先要产生新相态的初始胚胎，这一过程即核化过程，例如过冷水滴冻结形成冰晶首先要产生初始冰晶胚胎。核化过程分为两类，即均质核化和异质核化。均质核化也称为同质核化，指的是纯净大气中(纯净的水汽、液态水)没有其他的任何粒子，水分子随机聚并、相互结合形成液滴或者冰晶，这其中包括同质凝结核化(水汽形成液滴)、同质凝华核化(水汽形成冰晶)、同质冻结核化(过冷水滴形成冰晶)。异质核化按照相变过程的不同，可以将与大气云雾粒子形成有关的微粒分为三类，分别是凝结核、凝华核、冻结核。凝结核是指能使大气中水汽依附形成液态水滴的微粒。冰核包括凝华核和冻结核，凝华核是指能使空气中水汽依附形成冰晶的微粒，冻结核是指能使空中过冷水滴冻结的微粒。事实上，已有研究表明自然界中水汽形成水滴、冰晶，或者过冷水滴形成冰晶主要依靠凝结核及冰核，即异质核化过程。

冰雹的中心即为雹胚，直径在几毫米到一厘米。通常在一个雹暴中至少会发现两种冰雹胚胎，即冻滴(冻结雨滴)雹胚和霰粒雹胚。霰也称软雹，是乳白色的锥状、球状或椭球状的冰粒，由小冰晶和过冷水滴凝并形成；冻滴近似于球形，是纯净的或者不透明的冰粒，由许多任意取向的大冰晶形成。国外的观测实验已经证实冰雹胚胎主要是冻滴或霰(Brant et al.，1979；Sulakvelidze et al.，1974；Knight et al.，1970)，Knight等(1970)将雹胚分为四种主要类型，分别是锥形霰胚、球状的纯净(透明)雹胚、球状不透明雹胚和不规则状雹胚，在knight分析的400个冰雹中，锥形霰胚比重最大，为60%。较早时候国内学者对冰雹展开的研究也取得了相同结果，例如郭恩铭(1984)对西藏高原冰雹云及冰雹结构研究表明雹胚多数是不透明的霰粒，也有透明的冻滴；陈玉山等(1990)对宁夏地区 395 个冰雹切片分析表明霰胚占 66.4%，冻滴胚占 33.6%，并指出霰胚的生长高度比冻滴胚形成高度平均高 1km 以上。1976 年 Knight 研究指出，对于大陆性气候，雹胚更多为霰胚，对于海洋性气候，冻滴胚所占比重更大。雹云可分为冷云底雹云与暖云底雹云，模式模拟结果表明冷云底雹云雹胚主要是霰，暖云底雹云的雹胚主要是冻滴。图 3.12 为雹胚形成的一个示意图，如图所示雹胚有三种形成方式，分别是雨滴冻结为冻滴胚、雪晶淞附形成霰胚以及大滴冻结后凝华淞附为霰，形成以大冻滴为淞附核心的霰胚，因而霰可分为雪霰、冻滴霰。

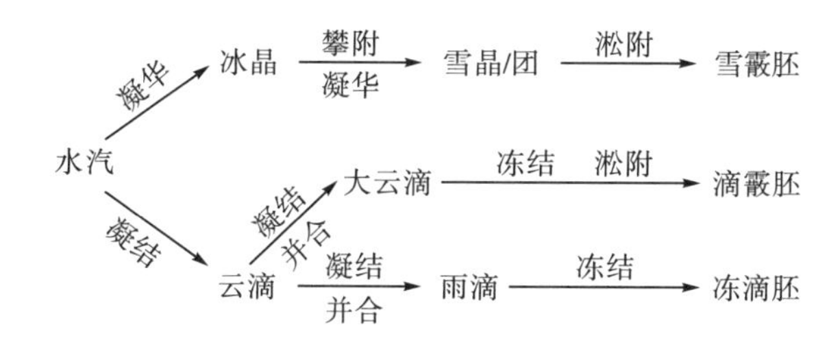

图 3.12　雹胚形成示意图(许焕斌等，2004)

3.5.2　冰雹的生长

对于冰雹的形成，学术界曾提出了三个著名的理论，分别是累积带(区)理论、循环增长理论及胚胎帘理论，近年国内学者许焕斌等(2001)提出了一个新的增长模式，即“穴道理论”。各类冰雹生长理论具体如下。

(1)累积带理论。累积带理论最早由苏联学者 Sulakvelidze 于 1969 年提出，累积带指的是含水量累积区，该理论认为冰雹在此累积区形成。观测资料显示云中上升气流随高度呈抛物线分布，随高度增长，在云体中上部达到最大，再向上便减小，这个水分累积区便在雹云内最大上升气流层以上，此处积累了大量过冷水滴，这个区域也称为雹源。上升气流携带的云滴上升并增长，在含水量大的水分累积区增长很快，到达负温区后冻结形成雹胚并持续上升，云上部的上升气流本身较弱，当其托不住雹胚时雹胚下落与过冷水滴碰并生长，最后返回液态水分累积区，当其自身重力可以克服上升气流时便下降到达地面。需注意的是累积带理论并不能很好地解释冰雹的分层结构。

(2)循环增长理论。循环增长过程最早由 Browning(1964)提出，强调强雹暴或者强风暴云中的三维结构气流，降水粒子在有组织的上升、下沉气流中可以循环增长。该增长模式认为倾斜的上升气流中，雹胚被上升气流带入温度低、水分充足的冰雹生长区，同时上升气流强，冰雹不断通过水汽凝结、碰并过冷水生长(湿增长)，然后随着强上升气流会到达更高层(过冷水含量小)和冰晶冻结、黏合形成密度小的不透明冰(干增长)，云中倾斜的上升气流使得下落的冰雹可能重新进入上升气流区，冰雹粒子在流场中上下翻滚并不断进行干增长、湿增长过程，形成有层次的大冰雹。同时，一些雹胚处于生长环境较差的区域，或者在上升气流中滞留时间较短，最终形成中小冰雹或者降雨。

(3)胚胎帘理论。累积带生长模式能解释冰雹的快速形成，循环增长模式解释了冰雹不同层次、明暗、密度的结构，但是雹胚的初始形成未能很好说明。观测表明超级单体雹暴的雷达回波有一个向前的悬垂回波和弱回波窟窿，这个前悬回波提供冰雹胚胎，起着雹胚源的作用，因形似帘幕被称为胚胎帘。该生长模式认为在强上升气流中心的凝结粒子/气溶胶粒子，由于强上升气流来不及增长便进入云砧或出云，少量粒子为雹云前侧较弱的上升气流携带(上升气流边缘)，因而有较长时间生长达到毫米大小，这些粒子可以被卷入胚胎帘中，形成雹胚并增长，较大的雹胚下降到帘下部并随着上升气流进入含水丰富的区域生长可形成大冰雹。

(4)穴道理论。该理论认为雹云中存在一个成雹“穴道”，在主上升气流旁侧，相对于雹云水平风速接近零的主入流区下侧，出口端是主上升气流中心，适合大雹形成，入口端是主上升气流边沿，适合雹胚的形成。“穴”是指粒子进入该区域就出不去，而“道”指的是大雹形成的必由之路。粒子进入这个区域便循环增长旋转进入主上升气流区，最终形成大雹，在上升气流托不住时降落。

上述四种冰雹生长理论均得到了相应观测资料、文献的支撑，在一定程度上可以解释雹暴天气过程中冰雹的形成，但无论是普通对流天气还是所讨论的强对流雹暴天气，均具有局地性特征，不同地域、不同季节以及不同类别的冰雹云的成雹机制不尽相同。以累积带理论为例，国内学者研究表明冰雹云中存在过冷水累积区，冰雹胚胎以冻滴为主(胡朝霞等，2003；黄毅梅等，2001)，这个累积带是冰雹生长的主要场所，但美国进行的国家冰雹实验(national hail research experiment，NHRE)表明雹云中未发现过冷水累积区，冰雹胚胎主要是霰粒(Brant et al.，1979；Knight et al.，1979)。从微物理角度来讲，无论哪种生长模式均会包含雹胚捕获过冷水滴碰并、撞冻增长这一过程，冰雹的增长过程会有两个状态，分别是干增长和湿增长。干增长指云内液态水含量较低时小液滴在低温条件下快速冻结在冰雹上，冻结在冰雹上的液滴仍近似球形，但冰雹对小液滴的收集过程相对随机，冻结不规则地发生，同时彼此之间留有较多无冻结滴的空间，因而这种增长过程形成的冰雹密度较小，也可称为低密度增长或低密度淞附；湿增长是在云内液态水含量较高时，冰雹在短时间内科收集到大量云内过冷水，因而在过冷水收集率超过向周围环境释放潜热的过冷水冻结率时，存在一些过冷水保持液体状态未被冻结，这一过程即是冰雹的湿增长。实际上冰雹的增长通常介于干增长与湿增长之间。

雹胚增长形成冰雹这一过程主要是碰冻雹云内的过冷云滴、过冷雨滴生长，因而云中的过冷水含量丰富与否对于雹胚、冰雹的形成十分重要。受限于观测手段，目前针对雹暴中微物理过程更多是通过数值模式模拟研究。大量学者利用数值模式对雹暴、雹云中的微物理过程做了大量工作，如较早时胡志晋等(1988)结合观测资料，通过模式对雹云中微物理过程研究发现雹云中雹胚主要是霰，由初生雨滴在较高层(7～8km 以上)冻结形成，然后霰碰冻云水增长，部分形成冰雹，上升气流变弱后冰雹下落，大部分在下落过程中融化，小部分以雹的形式到达地面。雹云中丰富的过冷水对于冰雹胚胎及冰雹的形成、增长十分重要，霰和冻滴作为雹胚，主要通过撞冻过冷水增长，冰雹的形成可以描述为冰晶—过冷水—雹胚—冰雹。张闯创(2013)利用二维雷暴云起电、放电数值模式模拟了北京地区 12 次雹暴天气过程，结果表明雹云内开始主要是云滴增长，然后是冰晶和霰粒的增长，最后是冰雹的增长。在冰雹出现前云内水主要以云滴和雨滴存在，中心高度位于上升气流中心区域上方，有利于为冰雹粒子形成、生长提供充足水分，冰晶通过核化过程形成，然后通过撞冻云滴和凝华过程增长，霰在上升气流附近生成，然后通过撞冻云滴和雨滴增长，冰雹的形成主要通过霰的转化，然后撞冻云滴与雨滴生长。可见冻滴胚和霰胚撞冻过冷水转化为冰雹是雹胚增长为冰雹、冰雹增长的主要过程，研究表明过冷雨水含量较高的雹云内雹胚常以冻滴胚为主，在没有过冷水累积区或者过冷水含量低而云滴浓度高的雹云中主要是霰胚，此类雹云中冰相过程占优，云滴浓度过高不利于雨滴形成，因而霰胚更多(洪延超等，2002；Knight et al.，1979)。

总体而言，云中存在的丰富的过冷水对雹胚形成、雹胚增长为冰雹均有重要作用，无论哪种冰雹生长模式，雹胚均主要通过撞冻雹云内的过冷云滴、雨滴生长形成冰雹，在含水量不同的区域，冰雹具有干、湿两种生长状态，同时雹云内过冷水的含量不同也直接影响主要雹胚的类型。

3.6 雹暴的电学特征

雹云中的水成物粒子包括云滴、雨滴、冰晶、霰、雹，同时雹云具有深厚负温区这一特征，故含有大量冰相粒子。众所周知冰相粒子之间的非感应起电过程是雷暴云中的主要起电机制，因此雹暴天气过程的起电、放电非常活跃。研究表明闪电的活动与强对流天气中的降水呈现一定相关，例如闪电以后降雨增加，或者总降雨量与雹暴的闪电密度有很高的重合程度，因而研究雹暴天气中的电学特征不仅有助于防灾减灾工作的进行，对雹暴天气的预警预报也有一定参考价值。

早期的观测表明雷暴是否降雹与闪电频数有一定相关性，闪电频数小于 10 次/min 的雷暴一般不降雹，降雹的雷暴即雹暴有 60%的闪电频数大于 100 次/min(Shackford，1960)。随后研究表明雹暴中的闪电活动与雹云中的冰相粒子、微物理过程有关，如雹暴中云闪活动与云内上升气流顶部积累的霰粒、雹有关(Carey et al.，1998；Williams et al.，1989)，López等(1997)研究认为在冻结层之上的霰的增长与地闪总体增加还是减小相关，他指出霰所在区域下部小冰雹下落造成了地闪活动三到四次的短时间(脉冲)增加。事实上，随着非感应起电这一机制得到学术界的普遍认可，雹暴中的闪电活动与冰相粒子的相关并不难理解，冰相粒子的增多意味着非感应起电过程更加容易，从而闪电活动增强。雹云等具有深负温区的对流云由于含更多的冰相粒子，其闪电活动普遍强于普通对流云，例如国内学者叶宗秀等(1982)研究表明雹云的闪电活动明显强于普通雷雨云，其频数大于 100 次/5min，而雷雨云闪电频数低于 80 次/min。在雹暴发生的不同阶段，上升气流的强度、对流活动强弱有所差别，雹云内的冰相粒子含量也不同，强上升气流意味着更充足的水汽，云内具有更高的液态水含量，这对于雹胚在冻结层以上形成冰雹、非感应起电过程主要参与的水成物粒子——冰晶的形成十分有利，为雹云中上部霰、雹等粒子的积累提供了动力条件，因而通常在雹暴的发展到成熟阶段闪电活动更强，在降雹阶段云内冰相粒子减小，上升气流也会由于冰雹下沉的拖曳作用减弱，因而在雹暴降雹后闪电频数会出现下降。图 3.13 所示为一次雹暴天气过程总闪电频数与云内冰水含量(ice water content，IWC)的关系，可见闪电频数与冰水含量具有明显的正相关性。较早时周筠珺等(1999)对甘肃陇西冰雹云系演变与地闪关系的研究也表明冰雹云在发展—成熟—消散三个阶段，雹云中心的冰相粒子由少变多，再变少，对应着地闪频数的由少变多，再变少，在降雹前 30min 左右，每 5min 地闪频数陡增，地闪频数极大值通常出现在降雹前 6～16min。总而言之，雹云内冰相粒子含量及与其相关的非感应起电过程与雹暴天气过程的闪电活动强弱关系密切，冰相粒子的增多通常对应着更大的电荷浓度、更剧烈的闪电活动。

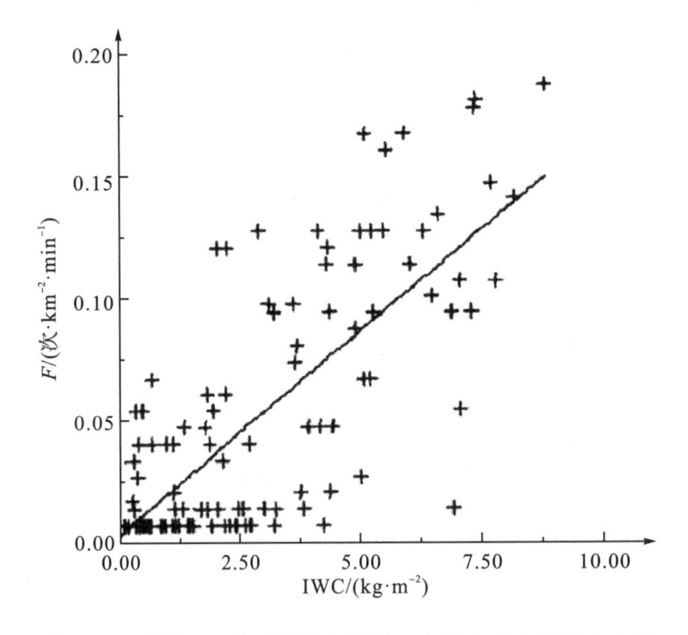

图 3.13 雹暴天气过程中总闪频数 F 与冰相粒子积分含水量 IWC 的点聚图(实线为拟合曲线)(冯桂力等，2007)

针对雹暴天气过程中云闪与地闪活动的研究表明，雹暴内云闪活动明显多于地闪。例如 Wiens 等(2002)研究表明雹暴过程主要是云闪活动，每分钟高达数百次，同时文中根据闪电频数、上升气流与霰、雹回波体积时间序列分析表明，随着上升气流回波体积的增加，霰、雹的回波体积也增加，同时还伴随着闪电频数的增长，这也与上文所提到的雹云内非感应起电过程对其电活动的重要作用相一致；Tao 等(1995)研究表明雹暴天气过程地闪频数较低，云闪频数很高。对于雹暴天气过程中地闪活动较弱这一特征，许多学者认为“抬升电荷机制”(elevated charge mechanism)可以很好地解释这一现象。“抬升电荷机制”指的是强上升气流将云内粒子带到云的高层，非感应起电区域也相对更高，形成的正、负电荷区也抬升得更高，因此更容易发生云闪。以具有典型的上正下负的偶极性电荷结构的雹云为例，强盛的上升气流可携带粒子到达云高层，在过冷水较为丰富的云上部首先有利于冰相粒子的生长，雹、霰、冰晶等粒子均很丰富，因而非感应起电过程较为活跃，在此条件下(过冷水较丰富)霰、雹与冰晶碰撞荷负电，冰晶荷正电，碰撞分离后形成主负电荷区、上部的正电荷区，但上升气流的抬升作用使得主负电荷区与正电荷区更接近，而离地面更远，因而会更容易发生云闪。事实上，MacGorman 等(1998)指出雹暴天气过程(包括龙卷等对流风暴)中，负电荷区与地面距离更近，以及在主负电荷区下部出现一个次正电荷中心或足够多的带正电荷的粒子移动到负电荷区下部均有利于地闪的发生。

而在雹暴天气过程的地闪活动中，近年大量的研究表明其正地闪活动具有一定特征，例如雹暴的正地闪比例相比暴雨等天气明显更高，但地闪频数更低。陈哲彰(1995)利用京津冀中尺度试验基地三站闪电定位资料对冰雹与雷暴大风的地闪分析得出，暴雨时地闪活动比冰雹大风时频数多且集中，暴雨时负地闪占绝对优势，而冰雹大风时正地闪占绝对优势。Soula 等(2004)对欧洲南部雹暴的研究表明相比仅产生降水的雷暴，雹暴的正地闪比例格外地高，但总地闪频数很低。此外还有许多基于观测资料的研究工作均表明强风暴中常出现较高的正地闪比例，包括雹暴、龙卷风等强风暴(Rakov et al.，2003；MacGorman et al.，1998)。实际上，不仅仅是雹暴天气过程，伴有强上升气流的对流灾害天气常常具有比例偏高的正地闪发生。不仅于此，越来越多的研究表明正地闪活动对雹暴天气发生降雹具有一定指示意义，二者之间存在一定相关性。例如 Seity 等(2003)研究表明正地闪的发生与冰雹的形成及降雹过程密切相关，闪电发生在含冰相粒子的区域；Reap 等(1989)指出随着正地闪次数的增加，出现大冰雹的可能性也增大。如图 3.14 所示为一次雹暴天气过程的地闪活动情况，可见降雹均发生在正地闪活跃阶段，正地闪的频数峰值稍提前于降雹时刻。如图 3.15 和图 3.16 所示，对比我国甘肃平凉地区的雹暴降雹日变化与地闪活动日变化特征可见，降雹主峰值出现在 16:00～18:00，占所有降雹过程的 60%，而正地闪主峰值与降雹峰值时间有很好的对应。

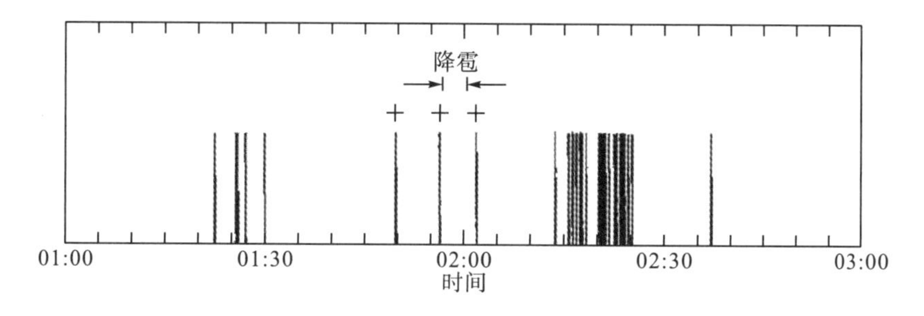

图 3.14　一次雹暴天气过程的地闪时间分布（冯桂力等，2006）

注：顶端带“+”的每条直线代表一次正地闪，无标记的每条直线代表一次负地闪。

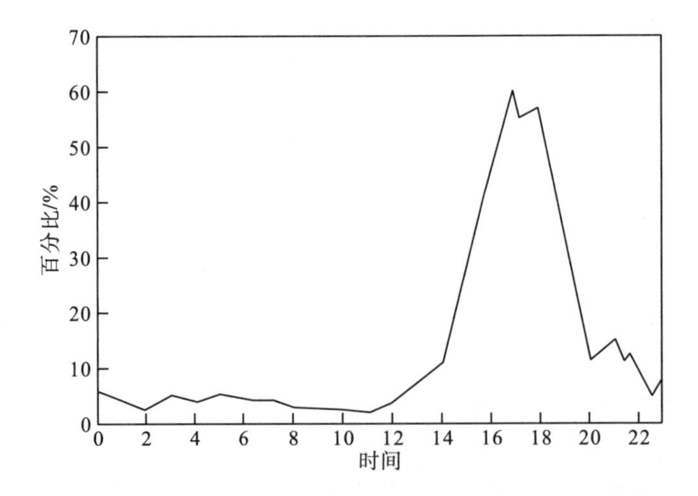

图 3.15 甘肃平凉地区 1986～1995 年降雹过程的日变化(张鸿发等，1998)

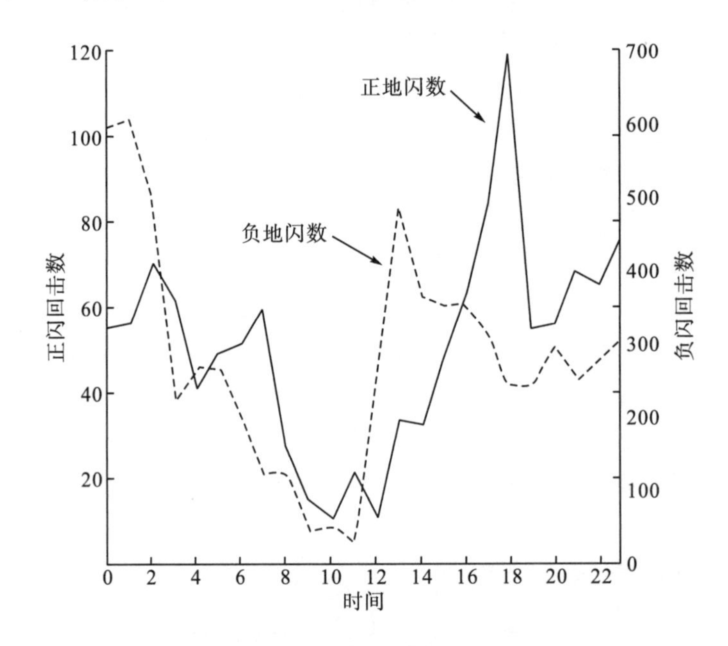

图 3.16 甘肃平凉地区 36 次雷暴和雹暴天气过程(1997 年、1998 年)中的正、负地闪频数统计平均日变化(张义军等，2003)

对于雹暴天气中常出现正地闪比例较正常值偏高这一现象，学术界提出了一些解释和假说。部分学者认为是倾斜电荷结构的原因，这与环境风切变有关，强的风切变使得呈典型偶极性或三极性电荷结构的雹暴上部正电荷区暴露，因而其下部的负电荷区存在的屏蔽作用减弱(或消失)，更容易产生对地放电；还有学者认为是三极性电荷结构中底部正电荷区的增强，例如我国高原地区的雷暴(包括雹暴)常会呈一种特殊的三极性电荷结构，即底部正电荷区较强，有学者认为这种电荷结构分布对主负电荷区具有一定屏蔽作用，从而更易发生正地闪；还有一种降水去屏蔽假说，即强降水带走了荷负电的降水粒子，使得云上部的主正电荷区不被屏蔽而更容易产生正地闪。随着研究的深入，学术界关于地闪的发生条件出现了一些不同的声音，例如雹暴中部电荷区的极性对发生地闪的极性有重要影响，即雹暴中部为正电荷区时，地闪以正地闪为主(张义军等，2003)，许多学者认为电荷区暴露于地面不能直接产生放电，云中主负电荷区下部存在次正电荷区有利于负地闪发生，反之若正电荷区下部存在负电荷区也有利于正地闪的发生(Tessendorf et al.，2007；Wiens et al.，2005；Carey et al.，1998)，这是由于底部相反极性电荷区的存在有利于在局部产生足够强的电场从而形成预击穿过程，为地闪发生提供有利条件。Mansell 等(2005，2002)的模拟研究工作也表明负地闪的发生需要负电荷区下部存在一个正电荷区，正地闪也是在正电荷区下部存在负电荷区的情况下发生。随后的许多研究指出雹暴中反三极性电荷结构与正地闪的发生密切相关，正地闪在中部的正电荷区与下部的负电荷区之间发生。目前，上述的正电荷区底部存在负电荷区(弱负电荷区)有利于正地闪发生这一理论越来越受到学术界的认同，但由于雹暴中起电机制、动力和微物理过程的复杂性，同时雹暴特征具有地域性、个例差异，其中的正地闪活动特征以及正地闪活动与降雹的关系还需进一步研究探讨，雹云中微物理结构及电场探空同步观测、数值模拟实验等手段可以帮助我们更深入地认识雹暴天气过程的闪电活动与其动力、微物理过程的关系。

综上，雹暴中的闪电活动与其动力、微物理过程密切相关，基于非感应起电过程，雹暴中丰富的冰相粒子使得起电放电活动更剧烈，其闪电活动通常比普通雷暴、对流天气更活跃；强上升气流的抬升作用使得雹云内的正、负电荷区更高，因而更容易发生云闪，频数远远多于地闪；同时雹暴中常出现较高比例的正地闪，大量研究表明正地闪与雹云内的固态粒子具有一定相关性，降雹时段常对应正地闪的活跃阶段(频数增加)，因而正地闪活动对于冰雹的预报有一定指示作用，但由于雹暴天气过程动力、微物理的复杂关系，以及云内起电机制的复杂性，正地闪活动与降雹之间的关系还需更进一步探讨，目前越来越多学者认可反极性电荷结构可以很好地解释雹暴天气中正地闪比例较高这一特征。

3.7　本 章 小 结

本章分别从雹暴的环流特征、激发条件、热力、动力特征、微物理特征以及电学特征六个方面对雹暴的基本物理过程进行了介绍。对雹暴发生的环流形势而言，长波槽如东亚低槽、南支槽、经向环流、副热带高压以及高空急流等大型天气形势与我国雹暴的发生有密切联系，并且在不同区域、不同季节具有不同类型的环流特征，例如北方地区雹暴天气过程通常与 500hPa 上的高空槽、850hPa 的经向环流的存在有关，而在长江以南区域(如广西地区的雹暴)与南支槽关系密切。对于雹暴等强对流天气，在大气层结不稳定、对流不稳定、能量足够大的条件下，还需要一定的激发条件，激发条件包括边界层辐合线(例如地面冷锋、阵风锋等)造成的辐合上升运动，重力波产生的对流扰动，地形的强迫抬升、下垫面的热力差异产生的上升运动等均可以触发局部对流的发生发展，形成雹暴。

热力场与动力场特征是天气过程分析的重点，对其热力、动力特征的了解也有利于对雹暴天气开展预报预警工作。雹暴等强对流天气本身是一种热力对流现象，不同天气系统影响下的雹暴热力特征普遍相似，其均在上干冷下暖湿的热力环境场中发生，同时低层时常还伴随逆温层的存在，而逆温层的存在对于不稳定能量的积蓄有重要作用，有利于雹暴等强对流的发生，适宜的 0℃层、-20℃层高度对于冰雹的形成及增长也必不可少。雹暴典型的动力特征包括强烈的上升气流、低层的辐合与风暴顶的辐散以及较强的环境风垂直切变，上升气流与下沉气流并存，其中超级单体雹暴是具有深厚、持续中气旋的强对流风暴，强烈的旋转上升运动是其最重要的也是区别于多单体雹暴的动力特征。

雹暴天气过程最重要的特征即降雹，冰雹生长的中心为雹胚，通常在一个雹暴中至少会发现两种冰雹胚胎，即冻滴(冻结雨滴)雹胚和霰粒雹胚。云中存在丰富的过冷水对雹胚形成、雹胚增长为冰雹均有重要作用，雹胚主要是通过撞冻雹云内的过冷云滴、雨滴生长形成冰雹，在含水量不同的区域，冰雹具有干、湿两种生长状态，同时雹云内过冷水的含量不同也直接影响主要雹胚的类型。此外，雹暴中的闪电活动与其动力、微物理过程密切相关，基于非感应起电过程，雹暴中丰富的冰相粒子使得起电放电活动更剧烈，其闪电活动通常比普通雷暴、对流天气更活跃，雹暴中常出现较高比例的正地闪，大量研究表明正地闪与雹云内的固态粒子具有一定相关性，降雹时段常对应正地闪的活跃阶段，因而正地闪活动对于冰雹的预报有一定指示作用。

参考文献

巴特尔，巩迪，单久涛，2007. 重力波冰雹预警系统应用研究[J]. 自然灾害学报，16(6)：21-24.

陈思蓉，朱伟军，周兵，2009. 中国雷暴气候分布特征及变化趋势[J]. 大气科学学报，32(5)：703-710.

蔡义勇，王宏，余永江，2009. 福建省冰雹时空分布与天气气候特征分析[J]. 自然灾害学报，18(4)：43-48.

陈贵川，谌芸，乔林，等，2011. 重庆“5.6”强风雹天气过程成因分析[J]. 气象，37(7)：871-879.

迟竹萍，刘诗军，2005. 两次华北冷涡过程雹云结构特征及 AgI 催化效果数值研究[J]. 气象科学，25(1)：61-70.

陈邦怀，2013. 淮北地区龙卷与冰雹环境场特征与概念模型[C]// 创新驱动发展提高气象灾害防御能力——S2 灾害天气监测、分析与预报.

蔡淼，周毓荃，蒋元华，等，2014. 一次超级单体雹暴观测分析和成雹区识别研究[J]. 大气科学，38(5)：845-860.

陈玉山，牛生杰，1990. 宁南冰雹胚胎的研究[J]. 大气科学，14(3)：369-372.

陈哲彰，1995. 冰雹与雷暴大风的云对地闪电特征[J]. 气象学报，53(3)：367-374.

付双喜，2006. 甘肃中部一次强对流天气的多普勒雷达特征分析[J]. 高原气象，25(5)：932-941.

冯桂力，郄秀书，袁铁，等，2007. 雹暴的闪电活动特征与降水结构研究[J]. 中国科学：地球科学，37(1)：123-132.

冯桂力，郄秀书，袁铁，等，2006. 一次冷涡天气系统中雹暴过程的地闪特征分析[J]. 气象学报，64(2)：211-220.

高晓梅，王世杰，王文波，等，2018. 2016 年山东一次阵风锋触发的强对流天气分析[J]. 海洋气象学报，2：67-75.

郭晓军，孟辉，刘畅，等，2012. 天津地区一次冰雹天气触发机制分析[J]. 安徽农业科学，40(33)：16251-16254.

郭媚媚，赖天文，罗炽坤，等，2012. 2011 年 4 月 17 日广东强冰雹天气过程的成因及特征分析[J]. 热带气象学报，28(3)：425-432.

龚婉，段丽华，汤歆婷，等，2015. 一次南支槽引发德宏州强对流天气成因分析[J]. 贵州气象，39(4)：22-26.

葛润生，姜海燕，彭红，1998. 北京地区雹暴气流结构的研究[J]. 应用气象学报，9(1)：1-7.

龚乃虎，刘棠福，杨颂禧，等，1981. 一次多单体雹暴雷达回波和雹块微结构分析[J]. 气象学报，2：240-244.

郭恩铭，1984. 西藏冰雹的观测[J]. 气象学报，1：112-115.

胡志晋，何观芳，1988. 积雨云中微物理过程的数值模拟——(二)阵雨、冰雹、暴雨的个例研究[J]. 气象学报，1：30-42.

胡朝霞，李宏宇，肖辉，等，2003. 旬邑冰雹云的数值模拟及累积带特征[J]. 气候与环境研究，8(2)：196-208.

黄毅梅，周毓荃，李子华，2001. 雹云成雹机制及最佳催化方案的数值研究[J]. 气象与环境科学，3：35-37.

洪延超，肖辉，李宏宇，等，2002. 冰雹云中微物理过程研究[J]. 大气科学，26(3)：421-432.

吉惠敏，冀兰芝，王锡稳，等，2006. 一次强对流天气综合分析[J]. 干旱气象，24(2)：12-18.

孔凡铀，黄美元，徐华英，1990. 对流云中冰相过程的三维数值模拟——I：模式建立及冷云参数化[J]. 大气科学，14(4)：441-453.

康凤琴，张强，渠永兴，等，2004. 青藏高原东北侧冰雹微物理过程模拟研究[J]. 高原气象，23(6)：735-742.

蓝渝，郑永光，毛冬艳，等，2014. 华北区域冰雹天气分型及云系特征[J]. 应用气象学报，25(5)：538-549.

雷雨顺，1978. 冰雹概论[M].北京：科学出版社.

李晓霞，康凤琴，张铁军，等，2007. 甘肃一次强对流天气的数值模拟和分析[J]. 高原气象，26(5)：1077-1085.

廖向花，周毓荃，康余学，等，2010. 重庆一次超级单体风暴的综合分析[J]. 高原气象，29(6)：1556-1564.

李江波，王宗敏，王福侠，等，2011. 华北冷涡连续降雹的特征与预报[J]. 高原气象，30(4)：1119-1131.

李启泰，谢金来，杨训仁，1993.灾害性冰雹过程的重力波演变特征[J].气象学报，3：361-368.

廖晓农，俞小鼎，于波，2008. 北京盛夏一次罕见的大雹事件分析[J]. 气象，34(2)：10-17.

刘术艳，肖辉，杜秉玉，等，2004. 北京一次强单体雹暴的三维数值模拟[J]. 大气科学，03：455-470，482.

刘一玮，寿绍文，解以扬，等，2011. 热力不均匀场对一次冰雹天气影响的诊断分析[J]. 高原气象，30(1)：226-234.

李文娟，郑国光，朱君鉴，等，2006. 一次中气旋冰雹天气过程的诊断分析[J]. 气象科技，34(3)：291-295.

赖珍权，罗静，农孟松，等，2017. 2013 年春季广西两次不同类型强对流天气过程的对比[J]. 干旱气象，35(2)：260-266.

李英，1999.春季滇南冰雹大风天气的螺旋度分析[J].南京气象学院学报，2：164-169.

雷雨顺，1983. 大范围雹暴的发生条件[J]. 高原气象，2(1)：52-60.

闵晶晶，刘还珠，曹晓钟，等，2011.天津“6.25”大冰雹过程的中尺度特征及成因[J].应用气象学报，22(05)：525-536.

盛杰，毛冬艳，沈新勇，等，2014. 我国春季冷锋后的高架雷暴特征分析[J]. 气象，40(9)：1058-1065.

沈树勤，1991. 下垫面热力非均匀性及其对冰雹等强对流天气影响的初步研究[J]. 气象，17(8)：20-25.

苏爱芳，梁俊平，崔丽曼，等，2012. 豫北一次局地雹暴天气的预警特征和触发机制[J]. 气象与环境学报，28(6)：1-7.

覃卫坚，寿绍文，高守亭，等，2010. 一次冰雹过程的惯性重力波观测及数值模拟[J]. 地球物理学报，53(5)：1039-1049.

王伏村，丁荣，李耀辉，等，2008. 河西走廊中部冰雹天气的环流和多普勒雷达产品特征分析[J]. 高原气象，V27(6)：1343-1349.

王秀明，钟青，韩慎友，2009. 一次冰雹天气强对流(雹)云演变及超级单体结构的个例模拟研究[J]. 高原气象，28(2)：352-365.

王在文，郑勇光，刘还珠，等，2010. 蒙古冷涡影响下的北京降雹天气特征分析[J]. 高原气象，29(3)：763-777.

王昂生，徐乃璋，1985. 强单体雹暴的研究[J]. 大气科学，9(3)：260-267.

吴蓁，俞小鼎，薛世平，等，2011. 基于配料法的“08.6.3”河南强对流天气分析和短时预报[J]. 气象，37(1)：48-58.

王华，孙继松，魏香，2007. 下垫面物理过程在一次北京地区强冰雹天气中的作用[C]// 中国气象学会 2007 年年会天气预报预警和影响评估技术分会场论文集：16-21.

王莉萍，张湃，崔晓东，等，2010. 一次后倾槽型冰雹大气过程演变的诊断分析[J]. 暴雨灾害，29(3)：41-46.

王崇洲，贝敬芬，1992. 一次暴雪、雨凇、冰雹天气过程的综合分析[J]. 气象，18(4)：48-51.

许新田，王楠，刘瑞芳，等，2010.2006 年陕西两次强对流冰雹天气过程的对比分析[J].高原气象，29(02)：447-460.

许焕斌，段英，刘海月，2004. 雹云物理与防雹的原理和设计[M]. 北京：气象出版社.

许焕斌，段英，2001. 冰雹形成机制的研究并论人工雹胚与自然雹胚的“利益竞争”防雹假说[J]. 大气科学，25(2)：277-288.
俞樟孝，翟国庆，王泽厚，等，1985. 冷锋前浙江大范围冰雹天气的发生条件[J]. 气象学报，3：41-50.
杨晓霞，张爱华，贺业坤，2000. 连续冰雹天气的物理量场特征分析[J]. 气象，26(4)：50-54.
易笑园，张义军，沈永海，等，2012. 一次海风锋触发的多单体雹暴及合并过程的观测分析[J]. 气象学报，70(5)：974-985.
杨敏，丁建芳，2015.河南省冰雹时空分布及天气形势特征[J].气象与环境科学，38(01)：54-60.
姚胜芳，黄治逢，农孟松，等，2007. 广西冰雹气候统计分析及减灾对策[J]. 气象研究与应用，28(4)：22-25.
叶宗秀，陈倩，郭昌明，等，1982. 冰雹云的闪电频数特征及其在防雹中的应用[J]. 高原气象，V1(2)：53-59.
郑媛媛，姚晨，郝莹，等，2011. 不同类型大尺度环流背景下强对流天气的短时临近预报预警研究[J]. 气象，37(7)：795-801.
张腾飞，段旭，鲁亚斌，等，2006. 云南一次强对流冰雹过程的环流及雷达回波特征分析[J]. 高原气象，25(3)：531-538.
张霞，2005.一次强冰雹过程的物理机制分析[J].气象，4：13-17.
张闯创，2013. 北京地区冰雹云的微物理与电过程的数值模拟[D]. 北京：中国科学技术大学.
周筠珺，张义军，郄秀书，等，1999. 陇东地区冰雹云系发展演变与其地闪的关系[J]. 高原气象，V18(2)：236-244.
张鸿发，1998.关于人工防雹减灾与农业生产关系的评估[R] .技术报告.
张义军，言穆弘，张翠华，等，2003. 甘肃平凉地区正地闪特征分析[J]. 高原气象，22(3)：295-300.
甄长忠，1981. 78810 冰雹过程的分析[J].大气科学, 4:456-460.
Browning K A，1962. Cellular structures of convective storms[J]. Meteor. Mag.，91：341-350.
Browning K A，Ludlam F H，Macklin W C，1963. The density and structure of hailstones[J]. Quarterly Journal of the Royal Meteorological Society，89(379)：75-84.
Browning K A，1963. The growth of large hail within a steady updraught[J]. Quarterly Journal of the Royal Meteorological Society，89(382)：490-506.
Browning K A，Foote G B，1976. Airflow and hail growth in supercell storms and some implications for hail suppression[J]. Q.j.r.meteor.soc，102(433)：499-533.
Brant Foote G，Knight C A，1979. Results of a randomized hail suppression experiment in northeast Colorado. Part I：design and conduct of the experiment[J]. Journal of Applied Meteorology，18(12)：1569-1582.
Browning K A，1964. Airflow and precipitation trajectories within severe local storms which travel to the right of the winds[J]. J.atmos.sci，21(21)：634-639.
Carey L D，Rutledge S A，1998. Electrical and multiparameter radar observations of a severe hailstorm[J]. Journal of Geophysical Research Atmospheres，103(D12)：13979-14000.
Donaldson R J J，1970. Vortex signature recognition by a doppler radar[J]. J.appl.meteor，9(4)：661-670.
Dennis A S，Schock C A，Koscielski A，1970. Characteristics of hailstorms of western south Dakota [J]. Journal of Applied Meteorology，9(1)：127-135.
Fujita T T，1973.Proposed mechanism of tornado formation from rotating thunderstorms[J].Preprints，Eighth Conf. on Severe Local Storms，Denver，CO，Amer Meteor Soc：191-196.
Fovell R G，1988. Numerical simulation of a midlatitude squall line in two dimensions[J]. Journal of the Atmospheric Sciences，45(24)：3846-3879.
Fovell R G，Tan P H，1998. The temporal behavior of numerically simulated multicell-type storms. Part II：the convective cell life cycle and cell regeneration[J]. Monthly Weather Review，126(3)：551.
Koch S E，1985. Observed interactions between strong convection and internal gravity waves[J]. Preprints at the 14th Conference on

Severe Local Storms：198-201.

Koch S E，1987. Toward operational forecasting and detection of weather-producing gravity waves[J]. Preprints at Conference on Mesoscale Analysis and Forecasting，Canada：387-392.

Knight C A，Knight N C，1970. Hailstone embryos[J]. Journal of the Atmospheric Sciences，27(4)：659-666.

Knight C A, Brant Foote G, Summers P W, 1979. Results of a randomized hail suppression experiment in northeast colorado. Part IX：overall discussion and summary in the context of physical research.[J]. Journal of Applied Meteorology，18(12)：1583-1588.

Lin Y L，Deal R L，Kulie M S，1998. Mechanisms of cell regeneration，development，and propagation within a two-dimensional multicell storm.[J]. Journal of the Atmospheric Sciences，55(10)：1867-1886.

Li M，Zhang Q，Zhang F，2016. Hail day frequency trends and associated atmospheric circulation patterns over China during 1960-2012[J]. J. Climate，29：7027-7044.

López R E，Aubagnac J P，1997. The lightning activity of a hailstorm as a function of changes in its microphysical characteristics inferred from polarimetric radar observations[J]. Journal of Geophysical Research Atmospheres，102(D14)：16799-16813.

Mahovic N S，Placko-Vrsnak D，Drvar D M，2014. Synoptic and mesoscale analysis of hailstorms over Croatia on 22 and 23 June 2007[J]. Hrvatski Meteorološki Časopis，47：57-67.

Miller L J，Tuttle J D，Knight C A，1988. Airflow and hail growth in a severe northern high plains supercell.[J]. Journal of the Atmospheric Sciences，45(4)：736-736.

MacGorman D R，Rust W D，1998. The Electrical Nature Of Storms[M].New York：Oxford University Press.

Mansell E R, Macgorman D R, Ziegler C L, et al., 2002. Simulated three-dimensional branched lightning in a numerical thunderstorm model[J]. Journal of Geophysical Research Atmospheres，107(D9)：ACL-1-ACL 2-12.

Mansell E R，Macgorman D R，Ziegler C L，et al.，2005. Charge structure and lightning sensitivity in a simulated multicell thunderstorm[J]. Journal of Geophysical Research Atmospheres，110(D12)：-.

Nelson S P，1983. The influence of storm flow structure on hail growth[J]. Journal of the Atmospheric Sciences，40(8)：1965-1983.

NHRE，1975. Air motion and radar echo evolution in a multicell hailstorm[C]// Preprints 9th Severe Local Storms conf：436-443.

Rhea J O，1966. A study of thunderstorm formation along dry lines[J]. JAppl Meteor，5：58-63.

Rakov V A，Uman M A，2003. The Lightning Physics and Effects[M]. NewYork：Cambridge University Press.

Reap R M，MacGorman D R，1989.Cloud-to-ground lightning：climatological charact eristics and relationships to model fields，radar observations，and severe local storms[J].Mon Wea Rev，117：518-535

Seity Y，Soula S，Tabary P，et al.，2003.The convective storm system during IOP 2a of MAP：cloud toground lightning flash production in relation to dynamics and microphysics[J]. Quarterly Journal of the Royal Meteorological Society，129(588)：523-542.

Stobie J G，Einaudi F，Uccellini L W，1983. A case study of gravity waves-convective storms interaction：9 May 1979[J]. Journal of the Atmospheric Sciences，40(12)：2804-2830.

Simpson J，Westcott N E，Clerman R J，et al.，1980. On cumulus mergers[J]. Archiv Für Meteorologie Geophysik Und Bioklimatologie Serie A，29(1-2)：1-40.

Sulakvelidze G K，Kiziriya B I，Tsykunov V V，1974. Progress of hail suppression work in the USSR[J]. Weather & Climate Modification.w.n.hess Ed：410-431.

Shackford C R，1960. Radar indications of a precipitation-lightning relationship in New England thunderstorms[J]. Journal of the Atmospheric Sciences，17(1)：15-19.

Soula S，Seity Y，Feral L，et al.，2004. Cloud-to-ground lightning activity in hail-bearing storms[J]. Journal of Geophysical Research Atmospheres，109(D2)：D02101.

Thrope A J，Miller M J，1978. Numerical simulations showing the role of downdraft in cumulonimbus motion and splitting [J]. Quart. J. Roy. Meteor. Soc.，104：837-893.

Tao S C，Meng Q，Lin B G，1995. Remote sensing of thunderstorm cloud flashes with MLDARS[C]// Preprints the Workshop On Mesoscale Met and Heavy Rain in East Asia. Fuzhou：127-128.

Tessendorf S A，Rutledge S A，Wiens K C，2007. Radar and lightning observations of normal and inverted polarity multicellular storms from STEPS[J]. Monthly Weather Review，135(11)：3682-3706.

Uccelini L W，1975. A case study of apparent gravity wave initiation of severe convective storms[J]. Monthly Weather Review，103(6)：497.

Wilson J W，Mueller C K，1977. Nowcasts of thunderstorm initiation and evolution[J]. Weather & Forecasting，8(1)：113-131.

Wilson J W，Megenhardt D L，1997. Thunderstorm initiation，organization，and lifetime associated with florida boundary layer convergence lines[J]. Monthly Weather Review，125(7)：1507-1525.

Witt A，Nelson S P，1984. The relationship between upper-level divergent outflow magnitude as measured by Doppler radar and hailstorm intensity[C]// Preprints，22nd Radar Meteorology Conf.，AMS，Boston：108-111.

Witt A，Nelson S P，1991. The use of single-doppler radar for estimating maximum hailstone size[J]. Journal of Applied Meteorology，30(4)：425-431.

Wiens K C，Tessendorf S A，Rutledge S A，2002. 29 June 2000 STEPS Supercell Storm：Relationships Between Kinematics，Microphysics，and Lightning[C]// AGU Fall Meeting. AGU Fall Meeting Abstracts.

Williams E R，Weber M E，Orville R E，1989. The relationship between lightning type and convective state of thunderclouds[J]. Journal of Geophysical Research Atmospheres，94(D11)：13213-13220.

Wiens K C，Rutledge S A，Tessendorf S A，2005. The 29 June 2000 supercell observed during STEPS. Part II：lightning and charge structure[J]. Journal of the Atmospheric Sciences，62(12)：4151-4177.

第4章　雹暴的数值模拟方法

冰雹灾害是由强对流天气系统引起的一种季节性明显、局地性强、具有突发性和阵性特征的气象灾害，其伴随的剧烈天气过程给人类活动造成很大灾害，与人们的日常生活及工农业生产联系极大。冰雹是世界范围的气象灾害之一，尤其是维持时间较长的超级单体风暴所造成的灾害更为严重。因此，对雹暴的数值模拟有很重要的意义，近几十年来冰雹云的数值研究有了很大的发展，不仅利用云模式预报冰雹天气得到广泛应用，中尺度数值模式也被用于冰雹天气过程的预报，本章主要介绍云模式及中尺度数值模式对冰雹天气的模拟。

4.1　雹暴的中尺度模式的数值模拟

随着高分辨非静力平衡模式的发展和计算机运算能力的迅速提高，直接预报风暴尺度天气系统成为现实。在中尺度天气系统的数值模拟中，通过云物理分析过程反演雷达反射率得到模式初始温度及云微物理场，由于其中包含了详细的风暴信息，对雹暴的成功预报起到了非常关键的作用。

以往对中尺度天气系统的模拟中，多采用“冷启动”方式提供初值条件，即在不考虑凝结和潜热释放的情况下，初始场仅包含水平风场、气压场及温度场等信息，让模式通过大气基本方程的积分调整来产生非绝热参数，这不仅需要长时间的调整，对云和降水的预报仍然很困难，尤其对冰雹等极短时的剧烈天气现象而言，模式的热启动是必须考虑的问题。目前已发展了利用卫星及多普勒天气雷达资料反演大气三维风场、温度场及云微物理场的一些方法，初始时刻就包含了云的微物理场，由此改进了中尺度大气模式积分初始场，提高了雹暴天气预报的准确率。雹暴的中尺度模式的数值模拟包括ARPS（advanced regional prediction，风暴数值模式）与WRF（weather research and forecast model，天气预报模式），由于国内外多使用ARPS模式，基于风暴数值模式的雹暴临近预报方法，即用风暴数值预报的水物质场反演的反射率因子场作为冰雹的预报因子，并通过建立基于格点的强冰雹识别算法作为冰雹预报模型，从而对冰雹的落区及大小做出预报，因此本节着重介绍ARPS模式。

与一般的冰雹预报模型相比，新的方法有以下特点：选取的冰雹预报因子物理意义更加明确，更加全面；建立的冰雹预报模型比较稳定；建立冰雹预报模型的过程相对简单。新的方法在一次强冰雹过程中得到了成功应用，在3h的临近预报中基本准确预报了强冰雹的落区位置。

ARPS 模式是美国 Oklahoma 大学 CAPS 中心开发的中尺度非静力平衡模式，它基于完全可压缩的 NavierStokes 方程，采用了地形跟随坐标系，包括多种物理过程及参数化方案，比较适合风暴尺度的数值模拟，在多次美国的龙卷等中小尺度风暴模拟中都取得了比较好的效果。(Xue et al.，2000)。

1989 年，风暴分析和预报中心作为一个国家级科研机构正式成立。其主要任务就是研究中尺度数值预报的可能性以及开发可用于业务、商业以及科研领域的区域预报系统。实现这个目标的关键就是建立一个三维、非静力平衡、完全弹性的 ARPS 数值模式，它包括各类资料的引入、质量控制及客观分析模块，多普勒资料反演和同化模块，主预报模式，可后处理模块。

以 ARPS 模式及其资料三维同化系统和复杂云分析模块为研究平台，使用多普勒雷达的体扫观测资料，对一次强雷暴天气过程进行研究，分析雷达反射率因子资料对云微物理量场的同化问题，并分析雷达资料质量控制对同化的影响。在数值试验中使用了双层单向嵌套网格，在 3 km 网格上设计了三个数值试验，研究表明，数值试验中两个不同的云分析方案都能同化出合理的云水场和水凝物场，同时因为水凝物场的调整，位温场和垂直速度场也得到了很好的响应。与没有使用云分析方案的试验比较，使用了云分析方案同化雷达资料的试验，因为在初始时刻能够调整出一个合理的云微物理量场，抓住了对流风暴的主要特征，因此能够减少模式的热启动时间，更准确地模拟出初始时刻和短时的风暴的主要结构和演变特征；而没有使用云分析方案的试验在 2～3h 后才调整出一个位置有较大偏差的水凝物场。因此，雷达反射率资料的同化在强对流风暴的模拟中起到非常关键的作用。

为满足风暴尺度天气现象的研究和预报，ARPS 模式必须满足一定的条件。首先，有不同的同化方案，能同化各类具有高时空分辨率的观测资料。第二，模式作为一个有效的研究平台，可用于对理想的和实际的风暴尺度天气现象的动力结构和可预报性的研究。第三，模式可以模拟与风暴尺度天气有关的从数十米到几百千米尺度的各种天气现象。以上这些条件要求模式具有一个可伸缩的动力框架，它包含了各类复杂的物理过程。比如王瑾(2008)以 ARPS 模式及其资料三维同化系统 ARPS3DVAR 和复杂云分析模块为研究平台，使用贵阳多普勒雷达的体扫观测资料，对一次强雷暴天气过程进行研究，分析了雷达反射率因子资料对云微物理量场的同化问题，并分析了雷达资料质量控制对同化影响。

WRF 模式系统是由美国气象研究、业务及大学的科学家共同参与开发研究的新一代中尺度预报模式和同化系统，重点解决分辨率为 1～10km、时效为 60h 以内的有限区域天气预报和模拟问题，模式结合先进的数值方法和资料同化技术，经过改进的物理过程方案(尤其是对流和中尺度降水系统的处理部分)，同时具有多重嵌套及易于定位不同地理位置的能力。模式主要由模式的前处理、主模式和模式产品后处理三部分组成。前处理部分为主模式提供初始场和边界条件，其中初始化包括资料预处理、地形等静态数据的处理；主模式对模式积分区域内的大气过程进行积分运算；后处理部分对模式输出结果进行分析处理，主要包括模式物理量转化、物理量场诊断分析和图形数据转换等。模式的控制方程是全弹性大气非静力平衡原始方程，运用了高分辨率的地形和下垫面分类资料，采用时间分裂积分方案。物理过程包含大气水平和垂直涡动扩散、积云对流参数化方案和从简单到详细的各种云微物理方案、太阳短波辐射和大气长波辐射方案等。分析冰雹发生时空变化规律、产生天气背景及主要气候特征的基础上，可以应用WRF模式对一些冰雹天气过程进行数值模拟试验，结合多普勒天气雷达提供的相关冰雹回波信息，揭示其成因，探明下垫面因素对冰雹产生的影响，并通过对个例模拟输出结果的统计分析，寻找冰雹发生的监测预警参数和预报指标，以提高冰雹天气预报的准确率和精确度。覃文娜(2012)基于中尺度数值预报模式WRFV3，选取2009年6月5日发生在江苏地区的一次冰雹天气过程进行了数值模拟。对模式输出的物理量进行诊断分析后发现此次强对流天气过程是在东北冷涡持续稳定少动，涡后弱冷空气南下和地面处于冷锋前增温增湿的大环流背景下产生的，多普勒雷达回波组合反射率在55dBz以上，出现正负速度对及中气旋，回波顶高在9km以上，这次冰雹过程的产生和发展，低层水汽辐合带源源不断的水汽输送和辐合，为冰雹的形成提供了较好的水汽条件。

4.2 雹暴的云模式的数值模拟

冰雹的形成和降落成灾受制于不同尺度的天气影响，在冰雹雷暴研究中，雹云物理学是研究冰雹机理的关键，但显然这还涉及各个不同尺度之间的作用，包括天气和动力气象、大气辐射、大气化学等一系列物理过程的相互作用，决定了冰雹云观测、试验研究的困难性。因此，国内外主要通过云模式数值模拟来探究冰雹形成和增长的机理。

国内的云模式研究，刘术艳等(2004)利用中国科学院大气物理研究所建立的完全弹性三维雹云数值模式，模拟了1996年6月29日发生在北京东北部京冀交界地区的一次强单体雹暴过程，并结合多普勒雷达探测资料，分析了风暴的流场结构、雷达回波结构特征、含水量场等宏微观物理量的分布及其演变。模式模拟出了超级单体风暴云的一些典型特征，如悬垂回波、弱回波区、回波墙等。同时，模拟分析了冰雹形成的微物理过程。

而在国外的研究，20世纪60年代以前有关冰雹增长的数值模式都是一维非时变的，一般也不考虑微物理过程对宏观条件的反作用。List等(1968)在一维模式中考虑了冰雹的反馈机制，研究了冰雹生长对含水量的影响以及冰雹生长的热反馈作用和拖带效应。

Srivastava(1967)根据一组考虑了云的微物理参数化的动力学、热力学和水分平衡方程，计算模拟了积云的发展过程，发展了一维时变模式。Wisner等(1972)的一维时变积云模式中，更为广泛地考虑了微物理过程的参数化，研究了动力、热力和凝结的作用。指出了冰雹融化作用的重要性，但这个模式中降水只能在上升区中形成和降落，不能模拟降水粒子的循环生长，所以难以形成较大的冰雹。

一维时变积云模式中，动力过程比较简单，而对微物理过程考虑得比较仔细，还引进了液态和固态水成物粒子的随机碰并方程。模式的数值试验结果表明冰雹的生长主要依赖于上升气流速度、初始水滴分布、地面水汽辐合比以及冻结层高度的关系。暴模式中提出了累积带理论，雹暴中的粒子除了在上升区中随着气流作垂直运动外，还要作水平方向的移动(Danielsen et al.，1976)。二维非时变积云模式中首先考虑了这一问题。在雹暴中存在持续的、倾斜的强上升气流，模式模拟了冰雹粒子的循环增长，解释了冰雹的多层结构(Browning et al.，1963)。

Takahashi(1977)关于轴对称云的二维时变模式较详细地考虑了冰雹生长的宏微观过程，较好地模拟了冰雹云的流场和云中各类水成物的演变过程，刻画了冰雹在再循环过程中的微物理特征，但没有考虑雹块的湿增长。Orville 和 Kopp(1977)将体积水参数化冰相微物理过程加以扩充后结合到二维面对称山地积云模式中，并模拟了雹云生命史。模式中将冰相质粒分为云冰和雹块，考虑了冰雹的湿增长方式和雹块融化水的脱落，这个模式后来得到不断发展。

程相坤等(2012)利用 NCEP 再分析资料、L-波段雷达探空资料分析了 2010 年 6 月 15 日发生在大连地区的强雹暴过程的环流形势和垂直气流结构，并利用中国科学院大气物理研究所的完全弹性三维雹云数值模式，模拟了该过程的雷达回波结构特征、含水量场等宏微观物理量的分布及其演变，着重分析了冰雹云的成雹机制。结果表明，模式较成功地模拟出了雹云回波的强度和发展高度，并模拟出了回波墙、弱回波区及悬垂回波等一系列强冰雹云的回波结构特征。该雹云的冰雹主要由冻滴转化形成，冰雹的增大主要依赖于云滴、雨滴的撞冻过程，即冰雹主要是通过撞冻过冷水长大。冰雹与霰粒和雪花的碰并过程比较强，而与冰晶的碰并增长量很小。

吴彬(2010)利用中国科学院大气物理研究所建立的完全弹性三维雹云数值模式，模拟了 2007 年 7 月 25 日发生在南京市六合区的一次强雹暴过程，分析了风暴的气流场、雷达回波结构、涡度场和含水量等宏观微物理的分布及其演变。通过将模拟结果与多普勒雷达资料进行对比发现，模拟的雷达回波强度及回波顶高与雷达观测资料基本一致。模拟结果表明，在雹云强盛时期，近地面层以辐散气流为主，中上层以辐合上升气流为主，气流在顶端转变方向形成辐散出流。模拟的高含水量中心对应着雷达回波图上的强回波中心，出现在上升气流最大区附近，动力场与物质场配合得较好。

4.3 雹暴数值模拟的参数化方法

为了尽可能详细地描述云内的物理过程，需要在详细的理论基础和大量观测基础上建立云物理过程参数化方程，在参数化方程中需要抓出各个物理过程的本质。因此在雹暴模拟中，微物理参数化是必要的。

在雹暴数值模拟中，微物理过程的处理方式主要是参数化方法。Kessler 暖雨微物理参数化考虑了三类水物质即水汽、云水和雨水，每一类都符合某种隐式的滴谱分布形式。当气流饱和开始发生凝结时，首先形成小云滴。如果云水混合比超过某一值，则通过云滴的自动转化生成雨滴。雨滴碰并其他小云滴不断增大，直到获得最终下落速度。如果云滴进入了未饱和空气，它们或者蒸发掉，或者使周围空气饱和。在未饱和的环境大气中，雨滴同样会蒸发，蒸发速度取决于它们的浓度和未饱和度。如果考虑冰相微物理过程，情况将变得更加复杂。雹暴数值模拟模式中冰相微物理过程的表示则由于冰相的多种形式以及决定晶体形态的众多物理过程而变得非常复杂。此外，与暖云物理学相反，我们对冰相物理学的理解远不够完整。这意味着在许多情况下，使用从详细的数值模型或观测得到的信息不能完成冰相的简单参数化模型的制定。

在制定雹暴模式参数化时应考虑的微物理过程如下：冰晶的一次和二次成核，冰晶的气相沉积生长，严重变形的晶体产生霰或冰雹粒子，通过冷冻过冷雨滴引起的霰或冰雹粒子成形和气相沉积生长，霰或冰雹与过冷雨滴的粒子碰，通过冰晶之间的碰撞引发冰晶聚集体，集合冰晶，以及所有形式的冰粒融化。

云物理过程是中尺度数值模式中最重要的非绝热加热物理过程之一，成云降雨过程发生以后通过感热、潜热和动量输送等反馈作用影响大尺度环流，并在决定大气温度、湿度场的垂直结构中起着关键作用，也是人们最为关心的降水预报的关键所在。因此在中尺度数值天气预报模式当中，更加准确地描述云物理过程将能够很大程度提高模式预报降水能力。

由于针对雹暴数值模拟中多使用 ARPS 模式，ARPS 模式包含了积云过程、行星边界层过程、辐射过程、陆面过程，其中积云方案有 Kuo、WRF Betts-Miller-Janjic、Kain-Fritsch、WRF new Kain-Fritsch scheme 等几种参数化方案；行星边界层过程有 Moeng and Wyngaard、Deardroff Sun and Chang 等方案；微物理过程有 Kessler、Purdue Lin、Schultz NEM 等方案；辐射过程有 Two-layer Force-restore model、Multi-layer’ OUSoil’ scheme 两种方案。

ARPS 的冰相微物理过程包括三种冰相物质（云冰、雪和冰雹）的参数化方案，其中冰雹（q_g）的粒子谱分布函数假定符合如下形式：

$$N(D) = N_0 \exp(-\lambda D) \tag{4.1}$$

其中，D 为粒子直径；$N(D)$ 为单位体积内的粒子数目；N_0 为 D=0 时 $N(D)$ 的值。

$$\lambda = \left(\frac{\pi \rho_x N_0}{\rho q_x} \right)^{0.25} \tag{4.2}$$

其中，ρ_x 和 q_x 分别为水物质的密度和混合比，对冰雹来说 N_0 的典型值为 0.0004cm^{-4}。

在曲线坐标系（ξ，η，ζ）下，云水（q_c）、雨水（q_r）、云冰（q_i）、雪（q_s）和冰雹（q_g）的守恒方程均满足以下形式：

$$\frac{\partial}{\partial t}\left(\rho^* q_\varphi\right) = -\left[U^* \frac{\partial q_\varphi}{\partial \xi} + V^* \frac{\partial q_\varphi}{\partial \eta} + W^* \frac{\partial q_\varphi}{\partial \zeta} \right] + \frac{\partial(\rho^* V_{q_\varphi} q_\varphi)}{\partial \xi} + \sqrt{G} D_{q_\varphi} + \sqrt{G} S_{q_\varphi} \tag{4.3}$$

其中，$\rho^* = \rho\sqrt{G}$，$U^* = \rho^* U^c$，$V^* = \rho^* V^c$，$W^* = \rho^* W^c$；U^c、V^c、W^c 为逆变速度分量；$\sqrt{G}$ 是变换的雅可比矩阵的行列式；ρ 为密度；q_φ 为各种水物质，针对冰雹则为 q_g。守恒方程右边各项依次为平流、沉降、混合和源。沉降项 $\frac{\partial(\rho^* V_{q_\varphi} q_\varphi)}{\partial \xi}$ 代表的是各种水物质如冰雹以各自的下落末速度沉降的过程，固态和液态的小云滴通常假定随着气流运动，从而下落末速度设为 0。其中源项 S_{q_φ} 代表了各种微物理过程，式(4.4)具体描述了各种源的过程。

$$S_{q_g}=\rho\left(d_g-s_g+m_g-f_g\right)-T_{q_g}+D_{q_g} \tag{4.4}$$

其中，标识 f_g、m_g、d_g 和 s_g 分别为云滴的凝结、蒸发、雨滴的冻结、雹的融化、冰粒子的沉积以及升华；D_{q_g} 为冰雹在次格点尺度上的扩散；T_{q_g} 为冰雹与其他各种水物质之间的转化速度。

WRF 模式方面包括的物理过程有：微物理过程参数化方案、辐射参数化方案、近地面层参数化方案、边界层参数化方案、积云对流参数化方案以及陆面过程参数化方案等。针对雹暴的数值模拟，覃文娜(2012)对江苏一次冰雹模拟中，参数化方案设置微物理方案为 Purdue Lin 方案，该方案包括了对水汽、云水、雨、云冰、雪和霰的预报，在结冰点以下，云水处理为云冰，雨水处理为雪。这个方案是 WRF 模式中相对比较成熟的方案，更适合于理论研究。长波辐射过程参数化方案选用 RRTM 长波辐射方案，能够准确地反映基于水汽、二氧化碳、臭氧，并考虑到云的光学厚度的长波辐射过程。短波辐射参数化方案使用 Dudhia 短波辐射方案，它简单地累加由于干净空气散射、水汽吸收、云反射和吸收所引起的太阳辐射通量。陆面过程参数化方案选用 Noah 方案，该方案可以进一步预报土壤结冰和积雪的影响，提高了对城市下垫面的处理能力，考虑了地面发射体的性质。边界层参数化物理方案选用 Eta Mellor-Yamada-Janjic（MYJ）方案，此方案用边界层和自由大气中的湍流参数化过程代替 Mellor-Yamada 的湍流闭合模型。它预报湍流动能，并有局地垂直混合。该方案调用 SLAB(薄层)模式来计算地面的温度，在 SLAB 之前，用相似理论计算交换系数，在 SLAB 之后，用隐式扩散方案计算垂直通量。

4.4 雹暴数值模拟实例

由于观测水平的限制，只依赖观测资料很难详细地分析雹暴物理过程，将数值模拟和观测结合在一起，是分析强对流云发生发展过程较为合理的手段。云模式一般可模拟出中尺度云系，云模式的主要特征是非静力、全弹性、分辨率低于 1km 甚至几百米，有详细的物理过程，能够详细地描述雹暴的发展过程。云模式模拟范围一般很小，初始场一般选用单个探空曲线，且假设模拟范围内为均匀场，对流一般由热泡、湿热泡或不均匀流场激发。这种模拟与自然过程有一定的差异，不能够真实地反映对流系统的自然发展过程。中尺度数值模式(例如 WRF、RAMS 和 GCE 等)选用的初始场不均匀，更接近实际初始场背景，可较为充分地考虑下垫面对天气过程的影响，能够较为真实地反映自然对流触发过程，天气尺度系统和中尺度对流系统有相互反馈。中尺度模式对雹暴过程的模拟，能够再现非均匀的初始场和下垫面等自然因素对对流的触发作用，可以考虑大中尺度和对流尺度的相互反馈，因此中尺度模式能够更好地再现雹暴的发生、发展和演变过程。

王秀明(2009)利用 WRF 中尺度模式，模拟了 2005 年 5 月 31 日发生在北京的一次冰雹过程，模拟选用 WSM7 微物理参数化方案，该方案中将直径大于 0.5cm 的固态水成物粒子视为冰雹粒子，考虑冰雹的密度为 900kg/m^3。模拟选用三重网格嵌套，最内层水平分辨率为 2.788km，内层不考虑积云对流参数化方案。

图 4.1 为模拟区域降水量的观测值与模拟值，其中(a)和(b)为第一层网格区域观测和模拟的 24h 累积降水量，(c)和(d)为第三层网格区域观测和模拟的 6h 累积降水量。由图 4.1 可见，此次系统性强降水主要发生在渤海湾区域，降水带呈现东北-西南走向，有三个强降水中心，第一层网格区域模拟和观测结果较为接近。第三层网格区域的模拟效果也较为理想，降水观测结果可见，北京东北部和中南部有两个强降水中心，北京西部没有明显的降水发生，模拟的 6h 累积降水量空间分布与观测结果较为接近，但降水量级有所偏小。整体而言，WRF 模式能够较好地再现此次强降水过程。

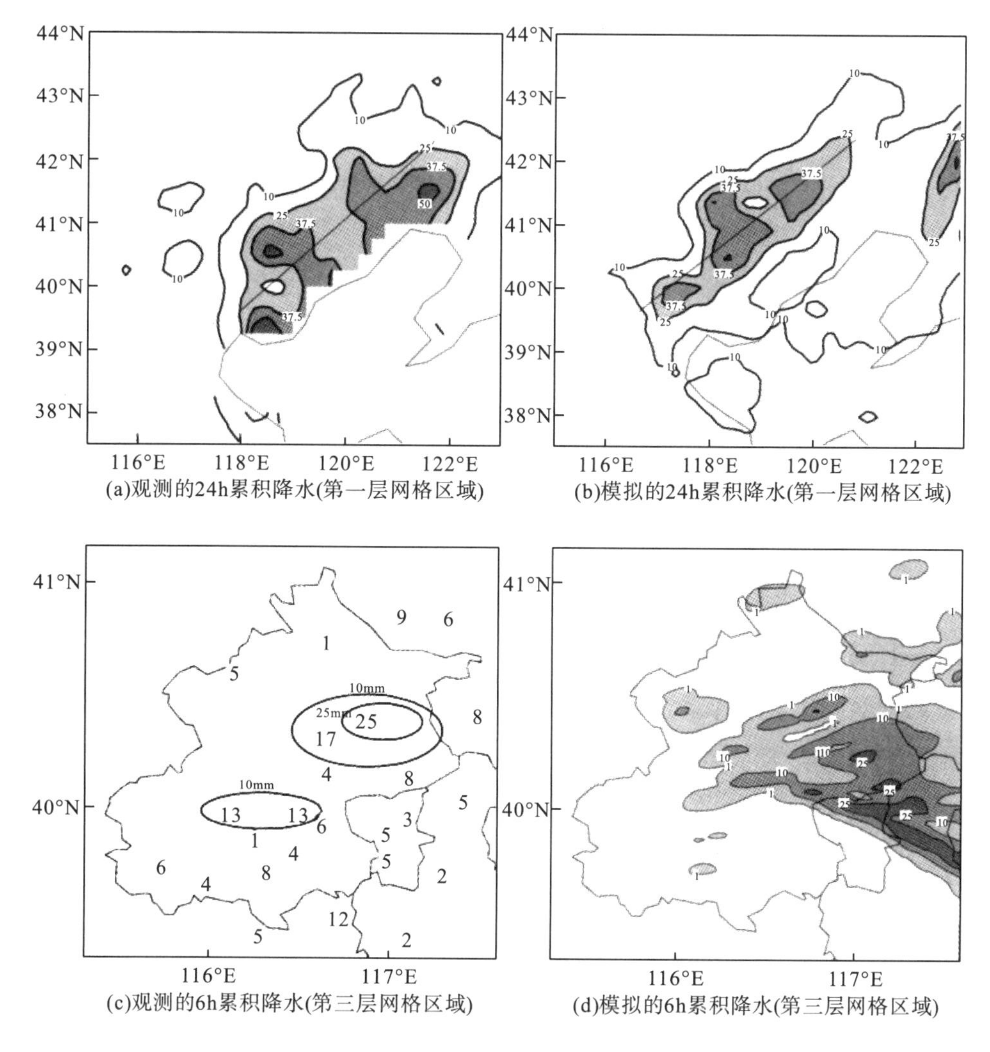

(a)观测的24h累积降水(第一层网格区域)　(b)模拟的24h累积降水(第一层网格区域)

(c)观测的6h累积降水(第三层网格区域)　(d)模拟的6h累积降水(第三层网格区域)

图 4.1　降水量的观测值与模拟值(mm)(王明秀等，2009)

此次雹暴过程较为剧烈，北京地区除昌平和石景山区外其他站点都有地面降雹记录，北京城区中线上的降雹过程最明显，延中轴线有两个降雹中心。北京雷达观测显示，共有五块较为典型的雹云出现，移动路径分布为北中南三条，中部移动路径的雹云产生了较为明显的地面降雹，模拟雹云路径和强度与雷达观测较为接近，但模拟的雹云主要集中在北京西面的中南部地区，这与北京西部的地形强迫有一定的关系。整体而言模拟的中部雹暴移动路径较为接近，中路的降雹最为集中，北部的移动路径有一定的偏差(图 4.2)。

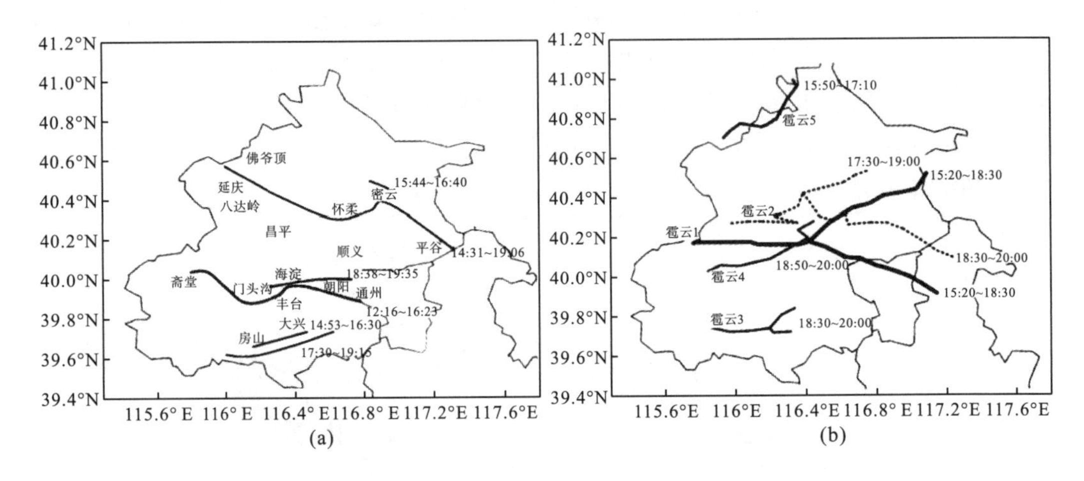

图 4.2　观测(a)和模拟(b)的雹暴移动路径(王明秀，2009)

图 4.3 为此次雹暴模拟和观测的发展过程对比，分析了图 4.2(b)中的雹云 1 的发展过程，从图 4.3(b)可见，雹云从 04:10(世界时)开始发展，从 04:33 开始整个雹云发生分裂，并向右侧移动发展，约 1h 后左侧的单体消散，右侧的单体逐渐发展起来，最大回波强度超过了 55dBz，强回波区域出现了弓形回波结构。随着右侧单体进一步发展，出现了明显的回波穹窿结构。07:27 雹云再次出现了弓形回波和有界弱回波结构，随后整个雹云进入消亡阶段。在雹云发展的过程中，共持续了 5h，有明显分裂过程，右侧分裂出的单体最终发展成超级单体，产生强地面降雹。

图 4.3(b)为模拟的雹云 1 的发展过程，模拟的整个发展过程同样维持了 5h，经历了酝酿、发展、分裂右移加强直至成熟，酝酿阶段大约经历了 1h，08:30～09:10 阶段雹云开始迅速发展，40min 内发展成对流单体，随后开始分裂右移，形成雹暴单体，在 10:00～11:00 阶段发展到成熟阶段，强对流单体维持约为 1h。对比模拟和观测的雹云发展过程可见，此次模拟能够较好地反映该雹暴单体发生、分裂右移加强直至成熟的过程，雹云的整个生命史也较为接近。

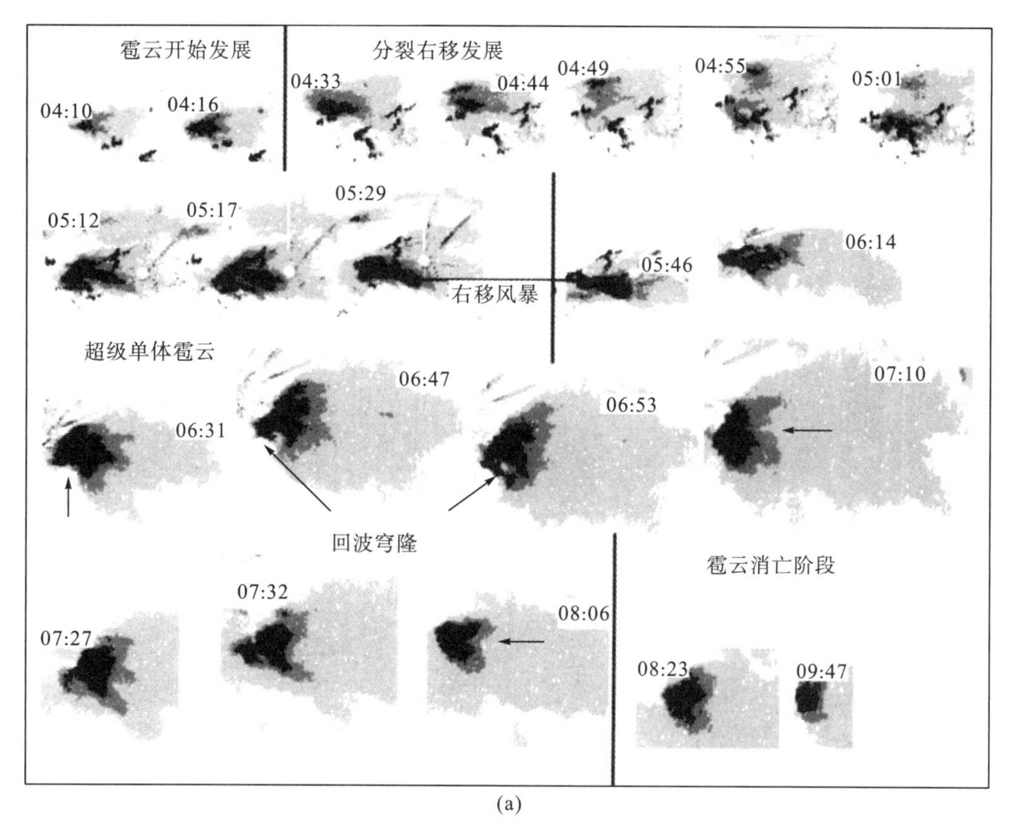

(a)

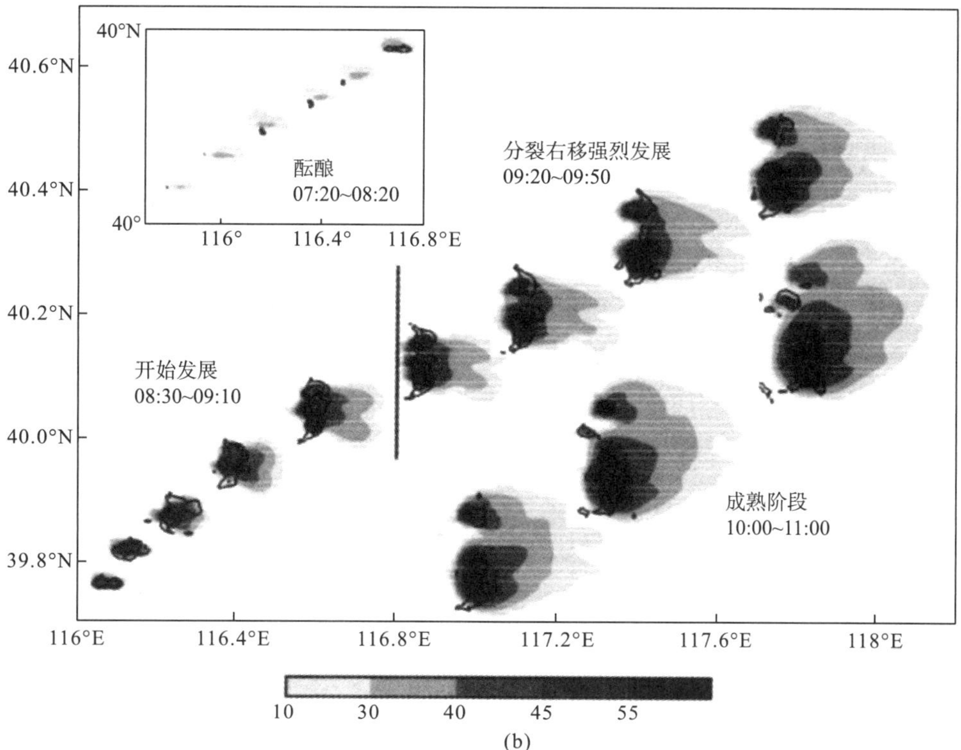

(b)

图 4.3　观测(a)和模拟(b)的雹暴发展过程(王明秀，2009)

尤红等(2010)利用WRF中尺度模式模拟了2008年漏报的一次云南省春季雹暴个例，此次过程发生在2月27日夜间至29日凌晨，如图4.4所示，滇东北的昭通、曲靖、滇西北的迪庆北部出现大到暴雪，云南中部及东南部普遍出现强降温、强冰雹和雷打雪的复杂强对流天气。此次强对流过程在一天内给云南造成了雷灾、雹灾、雪灾和重霜冻灾害。

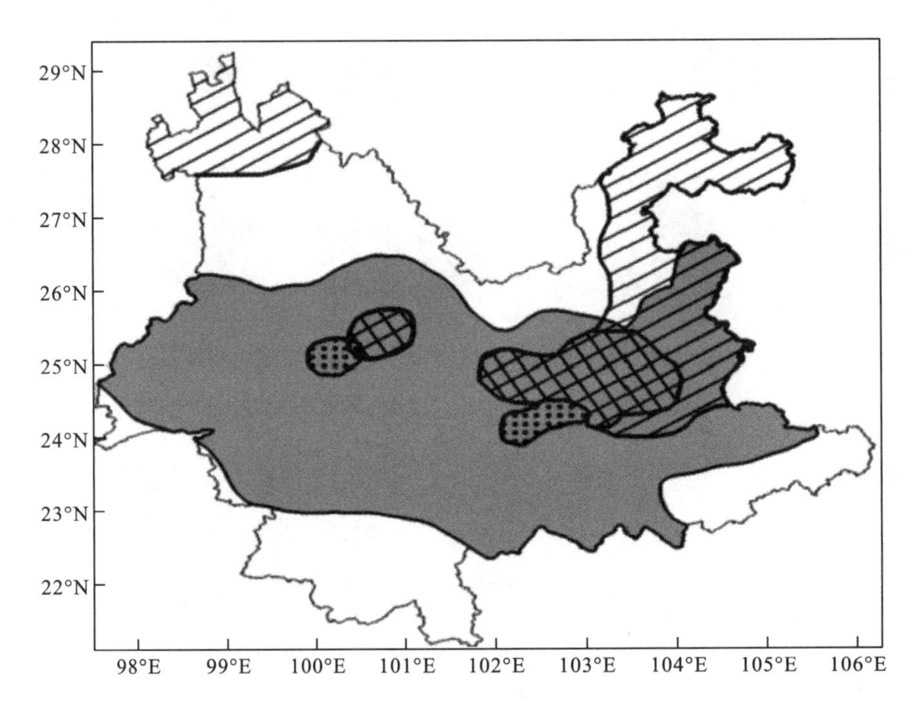

图4.4 2008年2月28日云南强对流天气分布(尤红等，2010)

注：阴影区为雷暴区，圆点区为冰雹区，斜线区为降雪区，网格区为雷打雪天气区。

图4.5为模拟的昆明雷打雪时段和玉溪冰雹阶段的垂直环流和垂直速度，22:30雷打雪发生地昆明上空整层为上升气流，10min后550～300hPa层间的上升气流开始出现顺时针旋转，在60～500hPa出现一个闭合反气旋环流，3:20在600～300hPa有垂直速度非常突出的下沉气流，650hPa以下则为倾斜的垂直上升气流，在750～700 hPa为低层较强的垂直上升气流中心。从图4.5(b)可见，在玉溪发生冰雹的时段，550 hPa以下均为向高层东北方向伸展的倾斜上升气流，对流层高层有多个闭合的下沉气流中心，09:35～09:55 倾斜上升气流向上伸展到最旺盛时段，09:45等压面上垂直速度在500～425hPa出现闭合，10:15～10:35为倾斜上升气流向上伸展的次强时段，在450hPa附近有明显的气流辐合线，在600hPa附近有闭合的上升气流中心。冰雹云中的倾斜上升气流和垂直上升运动比雷打雪中的更为强盛。WRF模式对此次强对流活动有较好的模拟效果。

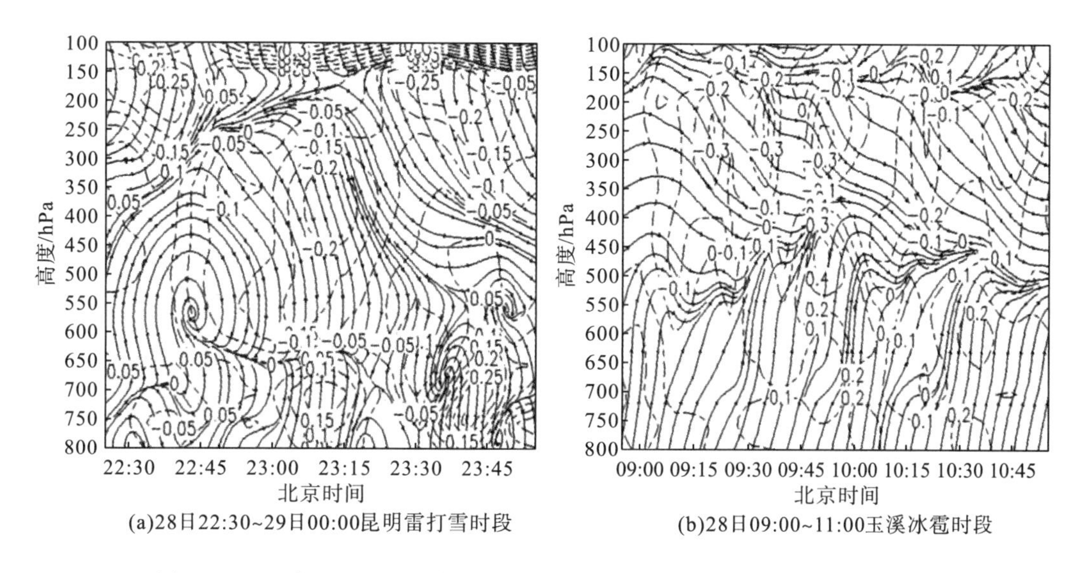

(a)28日22:30~29日00:00昆明雷打雪时段　　(b)28日09:00~11:00玉溪冰雹时段

图 4.5　2008 年 2 月 28 日模拟的垂直环流和垂直速度(m/s)(尤红等，2010)

参 考 文 献

程相坤，杨慧玲，李红斌，等，2012.一次强单体雹暴结构和成雹机制的数值模拟研究[J].高原气象，31(3)：836-846.

邓远平，程麟生，张小玲，等，2000.三相云显式降水方案和高原东部“96.1”雪成因的中尺度数值模拟[J].高原气象，19(4)：401-414.

郭霞，1999.占达资料在江淮流域暴雨数值模拟中的应用[J].热带气象学报，15：356-3620.

胡朝霞，李宏宇，肖辉，等，2003. 旬邑冰雹云的数值模拟及累积带特征[J]. 气候与环境研究，8(2)：196-208.

胡朝霞，郭学良，李宏宇，等，2007.慕尼黑一次混合型雹暴的数值模拟与成雹机制[J].大气科学，31(5)：973-986.

胡志晋，2001.层状云人工增雨机制、条件和方法的探讨[J].应用气象学报，12(增刊)：10-13.

黄美元，徐华英，1999.云和降水物理[M].北京：气象出版社.

孔凡铀，黄美元，徐华英，等，1990.对流云中冰相过程的三维数值模拟 I：模式建立及冷云参数[J].大气科学，12：14-18.

孔凡铀，1991.冰雹云三维数值模拟研究[D].北京：中国科学院大气物理研究所.

刘术艳，肖辉，杜秉玉，等，2004. 北京一次强单体雹暴的三维数目模拟[J]. 大气科学，3：455-470.

覃文娜，2012. 江苏省冰雹发生规律及数值模拟技术研究[D].南京：南京信息工程大学.

王瑾，2008.基于强对流数值模拟的贵州冰雹识别及临近预报方法研究[D].北京：中国气象科学研究院.

吴彬，2010.一次雹暴过程的三维数值模拟[J].安徽农业科学，38(17)：9077-9082.

王秀明，2009. 一次冰雹天气强对流(雹)云演变及超级单体结构的个例模拟研究[J]. 高原气象，28(2)：352-365.

许焕斌，2002.强对流(冰雹)云中水凝物的积累和云水的消耗[J].气象学报，60 (5) ：575 -584.

尤红，肖子牛，曹中和，等，2010. “2.28”云南罕见春季强对流雷达回波特征分析与数值模拟[J].高原气象，29(5)：1270-1279.

Berry E X，1967. Cloud droplet growth by collection[J]. Journal of the Atmospheric Sciences，24(3)：274-277.

Borys R，Lowenthal D，2000. The relationships among cloud microphysics，chemistry，and precipitation rate in cold mountain clouds[J]. Atmospheric Environment，34：2593-2602 .

Braham R，1964. What is the role of ice in summer rain showers[J].Atmos. Sci.，21：640-645.

Browning K A，Ludlam F H，Macklin W C，1963. The density and structure of hailstones[J]. Quarterly Journal of the Royal Meteorological Society，89(379)：75-84.

Danielsen E F，Bleck R，Morris D A，1976. Hail growth by stochastic collection in a cumulus model [J].Atmos. Sci.，29：135-155.

Gagin A，1975. The ice phase in winter continental cumulus clouds[J]. Journal of the Atmospheric Sciences，32(8)：1604-1614.

Gagin A，1972. Effect of supersaturation on the ice crystal production bynatural aerosols[J]. Rech. Atmos.，6：175-185.

Huffmanx P J，1973. Supersaturation spectra of AgI and natural ice nuclei[J].Appl Meteorol，12：1080-1082.

Kuo Y H，1996. The ERICA IOP 5 storm. Part III：mesoscale cyclogenesis and precipitation parameterization[J].Mon.Wea. Rev.，124(7)：4456 -4468.

List R，Charlton R B，Buttuls P I，1968. A numerical experiment on thegrowth and feedback mechanisms of hailstones in a one dimensional steady state model cloud[J]. J. Atmos. Sci.，25：1061-1074.

Mansell E R，MacGorman D R，Ziegler C L，et al.，2005. Charge structure and lightning sensitivity in a simulated multicell thunderstorm[J].Geophys. Res.，103(D12)：14025-14040.

Mason B L，Dash J G，2000. Charge and mass transfer in ice-ice collisions：experimental observations of a mechanism in thunderstorm electrification[J]. Geophys. Res.，105(D8)：10185-10192.

Meyers M P，DeMott P J，Cotton W R，1992. New primary ice-nucleationparameterizations in an explicit cloud model[J]. Appl. Met.，31：708-721.

Hu M，Xue M，Brewster K，et al.，2006. 3DVAR and cloud analysis with WSR-88D level-II data for the prediction of the fort worth，texas，tornadic thunderstorms.Part I：cloud analysis and its impact[J]. Weather and Forecasting，134：675-697.

Orville H D，Kopp F J，1977.Numerical simulation of the life history of a hailstorm[J].A tmos. Sci.，34：1596-1618.

Rangno A L，Hobbs P V，2001. Ice particles in stratiform clouds in the arctic and possible mechanisms for the production of high ice concentrations[J]. Geophys Res los，106(D14)：1507.

Srivastava R C，1967. A study of the effect of precipitation on cumulus dynamics[J] . Atmos. Sci.，24：36-45.

Takahashi T，1977. Hail in an axisymmetric cloud model [J]. Atmos. Sci.，33：1579-1601.

Takahashi T，1978. Riming electrification as a charge generation mechanism in thunderstorms[J]. Atmos. Sci.，35：1536-1548.

Lilly D K，2010. Models of cloud-topped mixed layers under a strong inversion[J]. Quarterly Journal of the Royal Meteorological Society，94(401)：292-309.

Tzur I，Levin Z，1981. Ions and precipitation charging in warm and cold clouds as simulated in one-dimensional time-dependent models[J]. Journal of the Atmospheric Sciences，38(11)：2444-2461.

Wang D，Gao J，2003. The advanced regional prediction system（ARPS），storm-scale numerical weather prediction and data assimilation[J]. Meteorology & Atmospheric Physics，82(1)：139-170.

Wisner C，Orville H D，Myers C，1972. A numerical model of a hail-bearing cloud[J].Atmos. Sci.，29：1160 -1181.

Xue M，Droegemeier K K，Wang D，et al.，2001. The Advanced regional prediction system（ARPS）- a multi-scale nonhydrostatic atmospheric simulation and prediction tool. Part II：model physics and applications[J]. Meteorology & Atmospheric Physics，

76(3-4)：143-165.

Xue M，Droegemeier K K，Wong V，2000. The advanced regional prediction system CARPS)-a multiscale nonhydrostatic atmospheric simulation and prediction tool. Part I：model dynamics and verification[J]. Meteor. Atmos. Physics，75：161-193.

Xu X，Liu L，Zheng G，2006.Dynamical and microphysical retrieval from simulated doppler radar observations using the 4DVAR assimilation technique[J]. Acta. Meteor.，19(2)：160-173.

Yin Y，Levin Z，Reisin T G，2000. The effects of giant cloud condensation nuclei on the development of precipitation in convective clouds numerical study[J]. Atmos. Res.，53：91-116.

Young K C，1974. A numerical simulation of winter-time orographic precipitation，Part I：description of model microphysics and numerical techniques[J]. Atmos. Sci. 31：1735-1748.

第5章　雹暴的预警预报方法

冰雹灾害是全球范围重要的气象灾害之一。雹暴预警预报方法的研究一直是极端天气预警预报研究中的热点之一，在近几十年，全球不同区域冰雹强度都发生了一定的变化，这也提高了准确预报冰雹预警的难度(Punge and Kunz，2016；Allen and Tippett.，2015；Berthet et al.，2011；Cao，2008；Xie et al.，2008)。在法国和西班牙地区，地面冰雹观测系统经常发布直径大于5cm的冰雹报告，根据长期观测，近三十年法国地区直径大于2.1cm的大冰雹发生频率明显增加(Dessens et al.，2015；Dessens and Fraile，1994；Fraile et al.，1992)。通过世界不同地区多地区长时间观测可知，直径大于7.6 cm的大冰雹发生概率降低，而直径大于3.2 cm的冰雹发生概率有所增加。

据统计，我国每年受冰雹灾害影响造成的经济损失达几十亿元。2005年5月31日北京市区遭受到冰雹袭击，造成直接经济损失4800万元。2007年8月1日内蒙古巴彦淖尔市受到强冰雹天气影响，冰雹尺度极大，最大冰雹直径达到6cm，降雹时间维持了15min。2014年3月19日，浙江省金华市、丽水市、台州市、温州市等地受到冰雹大风天气袭击，台州市冰雹强度极大，最大直径达到3.3cm，局地大风达到30 m/s，此次冰雹大风对台州市城区和郊区影响极大，损坏了大量汽车和大棚。美国中部是冰雹的多发区，俄克拉荷马州发生频率更高，2010年5月16日，诺曼市探测到一次极端降雹个例，冰雹尺度达到10 cm。2011年6月15日美国俄克拉荷马市产生的最大冰雹为6.4 cm，2012年3月30日该地区又发生一次降雹过程，观测到的最大冰雹为10.2 cm(Mahale et al.，2014；Picca and Ryzhkov，2012)。

冰雹产生的强对流系统本身尺度小、生命史短，对该类系统的预报具有一定的难度。冰雹，特别是大冰雹的产生主要是多尺度运动和物理过程的相互作用，同时也依赖于上升气流速度和微物理过程等，包括水汽源、地理位置、冰雹快速增长期的雹胚、冰雹生长和雹云的相对时间、冰雹生长的适宜温度、液态水含量、上升气流区域以及冰雹融化过程等。由于冰雹形成、增长和降落过程与很多不同尺度的物理过程有关，冰雹强度和落区的预报一直是气象学者关心的科学问题，同时也是迫切需要解决的问题。目前雹暴的预警预报方法主要包括观测预警预报方法、数值模式预警预报方法和综合预警预报方法。在观测预警预报方法中主要通过探空资料、雷达资料、卫星资料以及其他观测资料制定预警预报指标来实现雹暴预警预报；数值模式预警预报主要是基于云模式和中尺度模式来实现雹暴的预警预报。

5.1 雹暴的观测预警预报指标

目前，基于探空资料和雷达资料的冰雹云识别方法是冰雹预报预警的重要手段之一。基于雷达资料的冰雹云识别方法主要根据冰雹云和雷雨云之间的差异，以及雷达回波形态演变特征和雷达回波参量[包括负温区回波厚度、强中心回波强度、强回波梯度、45dBZ 强回波伸展高度、垂直累积液态水含量(vertically integrated liquid，VIL)、0℃层高度和 -20℃层高度等]，基于各个参数的权重，对某一地区提出冰雹预警和预报方法指标(李静，2012；吴剑坤和俞小鼎，2009；周德平等，2007)。

本章介绍的雹暴观测预警预报方法主要包括探空资料的应用、雷达资料的应用、卫星资料的应用、闪电资料的应用等。通过应用探空资料可计算热力指数和动力指数，判断系统的稳定性，用于雹暴的潜势预报。雷达资料是雹暴临近预警预报最常用的资料，由于雹暴特有的三维组织结构、微物理和动力特征，雷达回波形态和回波参数具有突出的特点(如高悬强回波、低层弱回波、中高层回波悬垂、有界弱回波区、三体散射和 V 型缺口等)，都可作为雹暴的临界预报指标。卫星云图中的红外和可见光云图在雹暴预警中可起到辅助作用，通过云图特征可判断雹暴的发展程度。闪电资料和冰雹发生的相关性也给闪电资料在雹暴预警预报中提供了一定的参考。

5.1.1 探空资料的应用

探空资料是判断强对流天气环境条件的重要手段，强对流出现的基本环境条件有三种，包括明显的位势不稳定、强垂直风切变和上干下湿的水汽垂直分布特征(丁一汇等，1982；丁一汇，1980；陶诗言等，1979)。Johns 和 Doswell(1992)指出，冰雹形成的基本条件是较强的上升气流，强盛上升气流能够托举冰雹粒子，使其有足够的时间增长，最后形成大冰雹落下。对流不稳定能是决定云内能否出现强盛上升气流的重要环境因素，对流不稳定能越大，热浮力越大，出现冰雹的可能也就越大；而相同的热力条件下，不同的雹云结构也会导致冰雹的形成和增长过程，最后导致形成的冰雹不同；影响冰雹尺度的另外一个因素是冰雹的融化过程，冻结层高度适中是形成大冰雹的重要影响因子，过高则融化过程明显，过低则热力对流条件较差。冰雹的增长过程与冻结层以上的液态水含量有关，雹胚通过淞附和碰冻过程快速增长，大多数的冰雹增长主要集中在 -10～-25℃(Foote，1984)。

目前有多种热力指数和动力指数可应用于冰雹的潜势预报(郭玉凤，2009)，例如抬升凝结高度的位温、0～-20℃的厚度、0℃层高度、对流有效位能 CAPE、SI 指数、K 指数、湿度 A 指数、-40℃层高度和垂直风切变等，这些指数都可从探空资料获得，对于冰雹预警来说可操作性较高。吴剑坤(2010)统计了我国 2002～2009 年 70 个强冰雹个例的环境参量特征，包括 CAPE 值、0℃层高度、地面至 500 hPa 的垂直风切变、500 hPa 与 700 hPa 的温度差以及 500 hPa 与 850 hPa 的温度差。70 个冰雹个例中，包括 20 个典型强冰雹个例(华东地区 27 个，华中地区 19 个，华北地区 18 个，东北地区 1 个，华南地区 1 个以及西北地区 4 个)。图 5.1 为 70 个强冰雹个例的风切边和 CAPE 值散点图，可以看出，大多数强冰雹个例的风切变为 $1\times10^{-3}\sim4\times10^{-3}\ s^{-1}$，占总个例数的 78%以上；48%的强冰雹个例中 CAPE 值为 1000～2000 J/kg，在 1000 J/kg 以上的强冰雹个例占 81%以上，说明冰雹发生需要较大的热浮力来维持其增长。

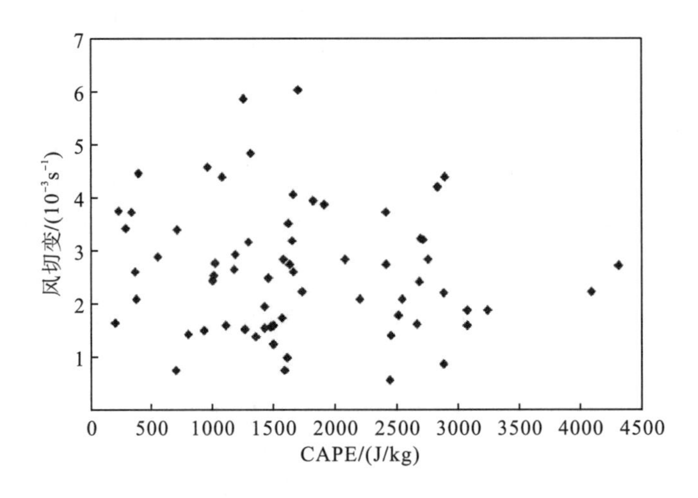

图 5.1　70 个冰雹个例的风切变和 CAPE(吴剑坤，2010)

垂直风切变是维持强对流风暴组织结构和强度的重要因素之一。垂直风切变可使对流云内上升气流发生倾斜，降水粒子在上升气流外降落，不会因为降落的拖曳气流抑制上升气流强度；同时，垂直风切变可增强风暴中层干冷空气吸入，使得低层干冷空气下沉更为明显，强迫抬升作用会将更多暖湿气流抬升，进一步促进对流发展。强垂直风切变有利于维持雹暴的组织结构，使冰雹在云内有更长时间增长。垂直风切变一般以风矢量差表示，分为深厚垂直风切变和低层垂直风切变，深厚垂直风切变至 1～6km，低层垂直风切变至 0～1km。深厚垂直风切变是雹暴的重要指标之一，在暖季，深厚垂直风切变大于 20 m/s 则是强垂直风切变，一般具有较强垂直风切变的雹暴都呈现出多单体风暴或超级单体的结构，超级单体是产生强冰雹的重要系统之一。如 2003 年 6 月 3 日湖南张家界超级单体产生 11cm 直径冰雹，2004 年湖南安乡超级单体产生 10cm 直径冰雹，2005 年 5 月 30 日甘肃西峰超级单体产生 7.5cm 直径冰雹，2006 年 4 月 9 日湖南永州超级单体产生 11cm 直径冰雹(吴剑坤，2010)。

0℃层高度对冰雹的降落影响突出，若0℃层高度过高，融化过程更明显，最终降落大冰雹的可能性就会降低。图 5.2 为 70 个冰雹个例和 20 个典型强冰雹个例的 0℃层高度特征，大多数冰雹个例的 0℃层高度为 4～5km，占总个例的 80%左右，且 0℃层高度在 4～4.5km 时，更利于强冰雹的形成；0℃层高度在 0～3km 的冰雹个例很少；0℃层高度在 5km

以上的冰雹个例只有 3 个，说明冻结层高度过高时，云内的过冷水含量有限，不利于冰雹的增长。

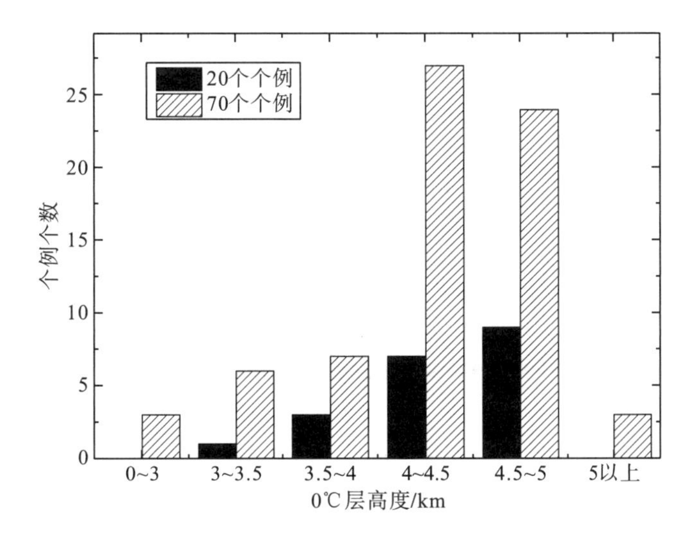

图 5.2　70 个冰雹个例和 20 个典型强冰雹个例的 0℃层高度(吴剑坤，2010)

综上，有利于雹暴发生发展的环境条件为：低层对流抑制能量 CIN 较小，中高层-10～-30℃区域对流有效位能 CAPE 较大；深厚的垂直风切变；适当的 0℃高度。

5.1.2　雷达资料的应用

雷达资料是雹暴预警预报中最常用也是最有效的手段之一。由于雹暴特殊的宏微观结构特征，雷达回波和雷达部分参数会体现出典型的特征，如高悬强回波、低层弱回波、中高层回波悬垂和有界弱回波区、三体散射特征、V 型缺口和钩状回波等。雷达参数中垂直积分液态含水量可以反映云内的液水含量特征，冻结层以上的液水含量同样是雹暴发展的重要指标之一。

1. 高悬强回波

在冻结层以上-10～-30℃区域是雹胚增长的关键区，如果冰雹云上升气流强盛、组织结构恰当并且液态水含量丰富，形成大冰雹的可能性就极大。这类形成大冰雹的雹暴一般会在雷达图上显示高悬的强回波，强回波中心延伸的高度越高，形成大冰雹的可能越大。高悬的强回波是冰雹云最基本的回波特征，如图 5.3 所示，回波中心强度越大，回波中心延伸的高度越高，形成冰雹的严重性和可能性也越大(Witt et al.，1998)。高悬的强回波预警指标一般指大于 50dBz 强回波中心扩展到-20℃层以上，且 0℃层距离地面高度大于 4.5km，即可考虑有降雹发生的可能。高悬强回波的冰雹预警指标是 WSR-88D 冰雹探测算法的基本思想，WSR-88D 早期使用的冰雹云识别方法是依据 Lemon(1980)的强冰雹识别理论，从风暴系列算法中选取风暴倾斜角等代表三维风暴体反射率因子结构的几个因子[如最大回波强度(大于 55dBZ)、回波顶高(大于 8km)、中层和下层强回波中心的水平位移(大于 1km)、中层最大回波强度(大于 50dBZ)等因子]，分别按照它们对冰雹形成的有用性赋予其一定的权重值探测冰雹(Lemon，1980)。该方法引入国内后，许多学者对其进行了评估和应用研究，最后表明此算法局地性较强，针对不同的地区，需要进行不同的适用评估。现如今，中国气象局已将 WSR-88D 风暴系列算法全部移植到我国新一代天气雷达中去，但是目前为止这种冰雹预警预报方法在业务上的使用还是存在很多缺陷，随着双线偏振雷达在针对雹暴降水粒子识别研究上的进步，冰雹形成理论正在逐渐完善。

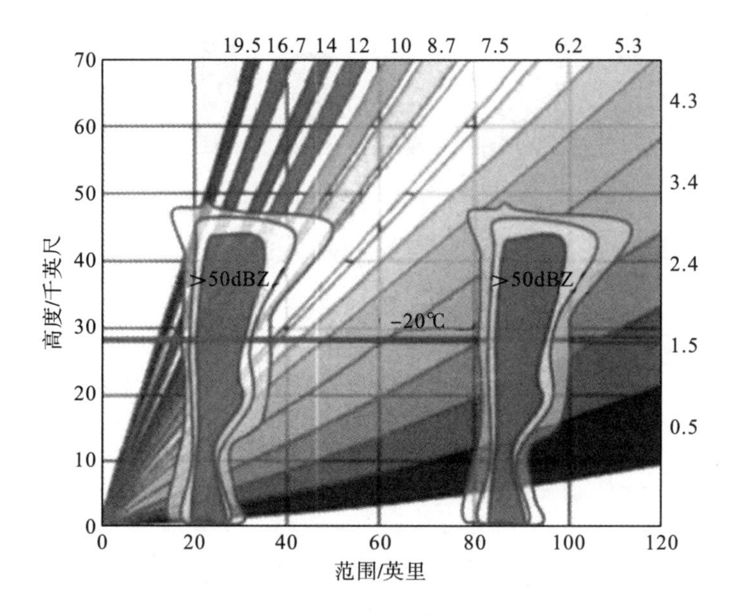

图 5.3 VCP11 体扫模式下高悬强回波示意图(Witt et al.，1998)

注：1 英里=1609 米；1 英尺=0.3048 米。

2. 低层弱回波、中高层回波悬垂和有界弱回波区

垂直风切变比较强的雹暴中，低层反射率因子存在明显的梯度区，在梯度区会出现明显的低层弱回波和中高层回波悬垂。发展旺盛的超级单体具有较强的上升气流，在上升气流活动区域会出现较弱的回波区，冰雹循环增长上升区域和降雹区域构成了中高层回波悬垂，有界弱回波区是中高层回波悬垂包围的一个弱回波区域，该区域内有云粒子，但不包含降水粒子的强上升气流区域。一般在满足高悬强回波的条件下，如果出现低层弱回波和中高层回波悬垂结构，那么发生冰雹的可能极大，若有界弱回波区同时出现，出现强冰雹的可能性可达到 90%以上(俞小鼎等，2012)。

图 5.4 为湖南常德 SB 波段多普勒天气雷达观测到的 2004 年 4 月 29 日 15:17 发生在安乡的一次雹暴个例，该时段发展最为强盛，地面降落的冰雹最大直径超过 10cm。

从图 5.4(a)可见，最大反射率因子超过 55 dBZ，有较为明显的钩状回波和低层入流缺口，对比图 5.4(a)和图 5.4(c)，可见 0.5°仰角的双箭头处没有回波，而图 5.4(c)的 6.0°仰角扫描可见双箭头区回波强度较大，反射率因子为 50～55dBZ，低层无回波，而高层回波强度较大，说明该区域为低层弱回波以及中高层强回波悬垂。图 5.4(c)中也可见强回波包围的有界弱回波区，说明该处为强上升气流区域，只有云滴粒子，没有较大的降水粒子，从图 5.4(b)可见该有界弱回波向下扩展的部分闭合不完全，在高层有一强回波盖覆盖[图 5.4(d)，9.9°仰角]。

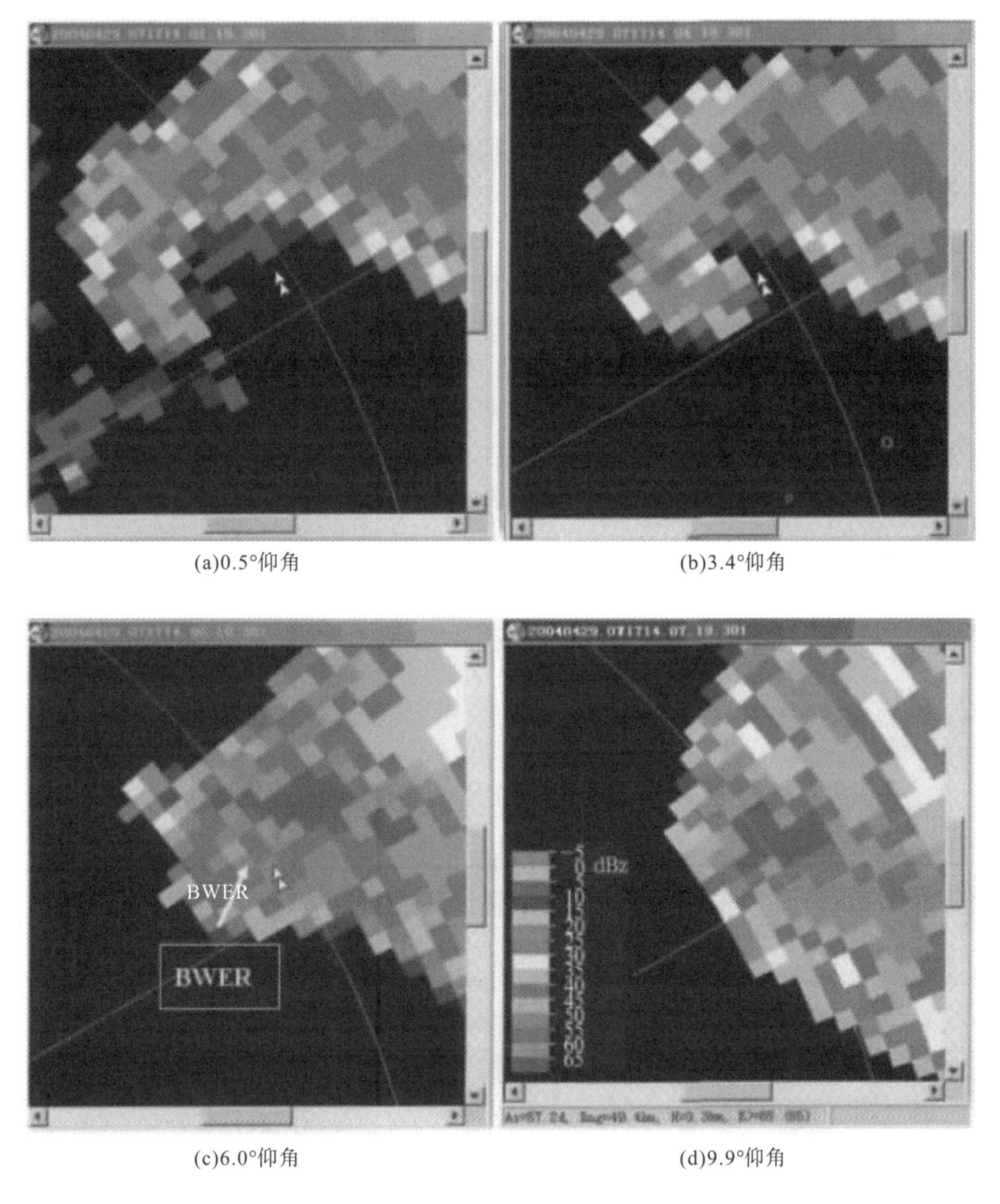

(a)0.5°仰角

(b)3.4°仰角

(c)6.0°仰角

(d)9.9°仰角

图 5.4 湖南常德超级单体个例(俞小鼎等，2012)

3. 三体散射特征

三体散射是雷达探测到强对流天气时常常会出现的一种回波假象。三体散射特征又被称作火焰回波、雹钉或三体散射长钉(three body scatter spike，TBSS)(Lemon，1998)。三体散射特征对于冰雹的辅助预报具有一定的价值，主要由于三体散射在不同高度的时空演变特征与降雹起始时间和冰雹强度具有一定的相关关系。2002 年 5 月 14 日新一代天气雷达在湖南常德探测到我国首例三体散射，我国中东部多普勒天气雷达布网区也有多部 S 波段天气雷达探测到三体散射特征。廖玉芳等(2007)统计了我国各地 11 次强对流事件中共 499 个三体散射样本，详细地讨论了我国 S 波段雷达的三体散射特征，同时分析了三体散射特征在冰雹预警中的可应用性。

表 5.1 给出了在不同测站 S 波段雷达观测到的三体散射特征对应的冰雹特征，可见有三体散射特征出现的情况下，一般会产生明显的降雹和大风天气事件，甚至有的台站出现了龙卷风天气，而冰雹直径大多为 3～5cm，个别地区冰雹直径达到 11cm。统计的 499 次三体散射对应的雷达反射率因子强度为 76～58dBZ，85.8%的三体散射出现时的雷达反射率因子大于 63dBZ，65.1%的三体散射现象出现时雷达反射率因子在 65dBZ 以上。三体散射特征维持的时间一般都超过 30min，维持时间在 30～60min 的居多，有个别个例维持时间超过 90min，说明三体散射特征维持时间较长对于冰雹预警来说具有一定的应用意义。

表 5.1 我国各地 11 次三体散射雹暴个例的天气现象(廖玉芳等，2007)

时间	雷达站点	天气现象
2002.05.14	湖南常德	3cm 冰雹和 10 级大风
2002.12.19	福建龙岩	2～3cm 冰雹和 10 级大风
2003.06.03	湖南常德	5cm 冰雹和 11 级大风
2004.04.21	湖南长沙	4cm 冰雹和大风
2004.04.29	湖南长沙	10cm 冰雹和 8 级大风
2004.07.13	浙江宁波	3cm 冰雹和大风
2005.04.30	湖南常德	2cm 冰雹和大风
2005.05.31	湖南常德	6cm 冰雹和大风
2005.05.31	天津塘沽	5cm 冰雹和大风
2005.06.14	江苏南京	10cm 冰雹和 10 级大风
2006.04.09	湖南永州	11cm 冰雹和大风

图 5.5 给出了发生在我国不同地区的三体散射特征，包括湖南常德、福建西南部、湖南张家界、湖南益阳、浙江中部、浙江余姚、北京南城和安徽固镇地区。三体散射长度与强反射率因子核心区面积大小及反射率因子核最大强度呈正相关，与 60dBZ 和 65dBZ 以上反射率因子核区面积大小的相关系数达到 0.6 以上，反射率因子核心强度越大，高反射

率因子的区域越大，三体散射的长度就越长。三体散射出现的最低高度约为 1km，最高高度达到 12.5km，绝大多数三体散射出现在 1～9km 处，超过半数出现在 3～6km 区域，而长度超过 10km 的三体散射特征一般出现在 4～5km 处。在不同的下垫面性质下都有三体散射特征产生，冰雹直径大于 2cm 的雹暴中，有 80%出现了三体散射特征。可以认为三体散射特征能够作为冰雹预警的一种辅助指标。

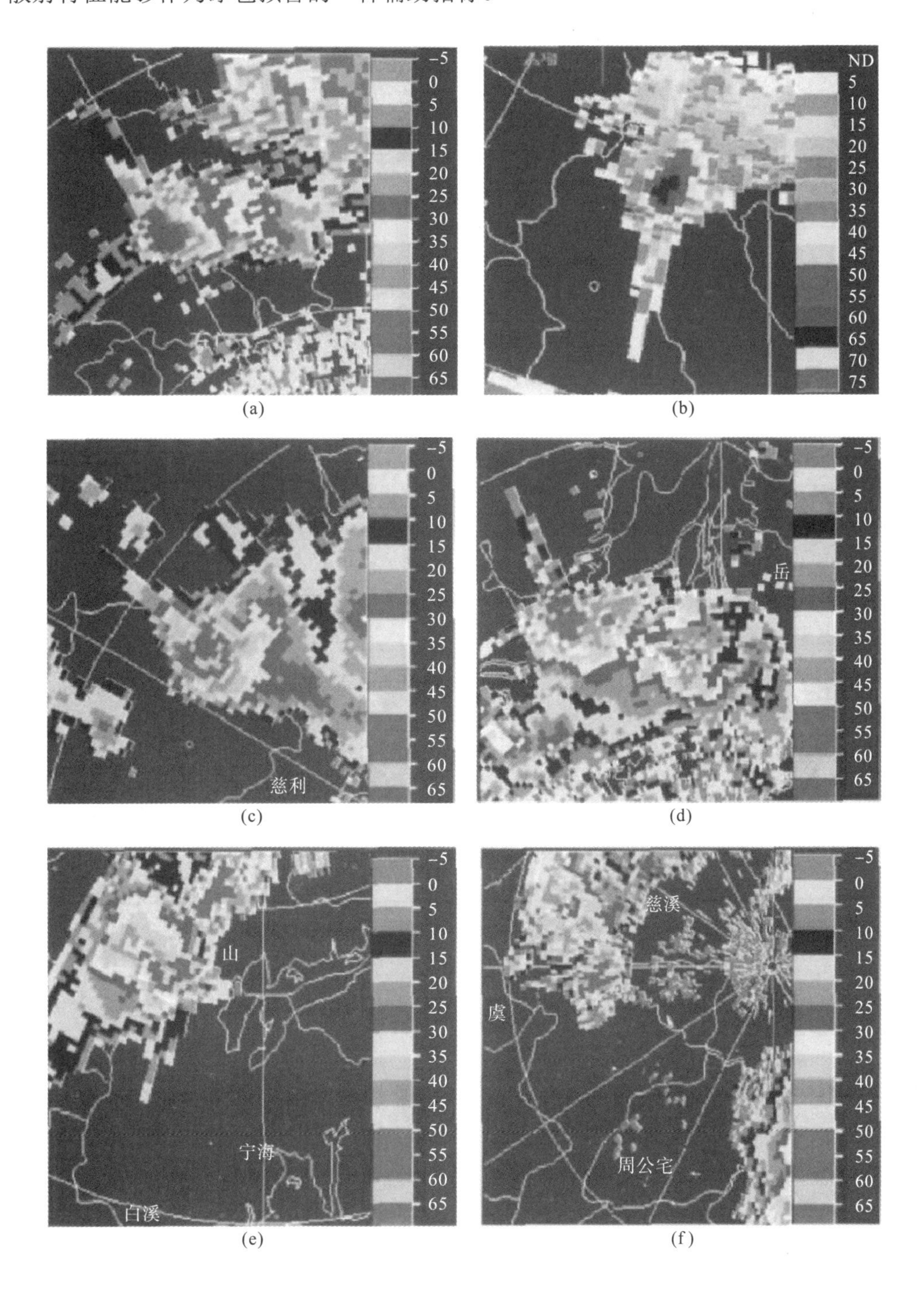

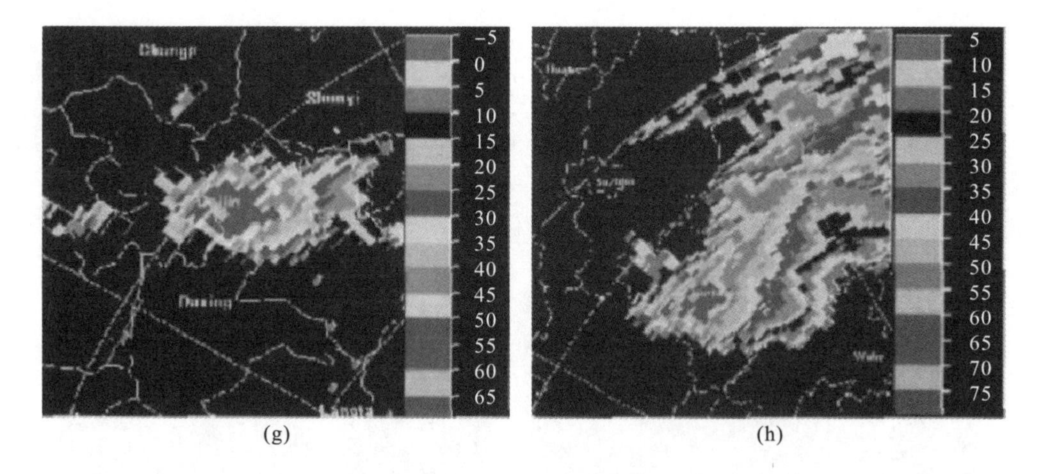

图 5.5 发生在不同地区的三体散射（廖玉芳等，2007）

注：图(a)为 2002 年 5 月 14 日 18:46 发生在湖南常德市附近的三体散射；图(b)为 2002 年 12 月 19 日 16:25 龙岩雷达观测的发生在福建西南部的三体散射；图(c)为 2003 年 6 月 3 日 17:25 常德雷达观测的位于湖南张家界附近的三体散射；图(d)为 2004 年 4 月 21 日 19:23 长沙雷达观测的发生在湖南益阳附近的三体散射；图(e)为 2004 年 7 月 13 日 13:55 宁波雷达观测的发生在浙江中部的三体散射；图(f)为 2004 年 7 月 13 日 14:37 宁波雷达观测的位于浙江余姚附近的三体散射；图(g)为 2005 年 5 月 31 日 14:29 天津塘沽雷达观测的位于北京南城的三体散射；图(h)为 2005 年 6 月 15 日 00:40 南京雷达观测的位于安徽固镇的三体散射。

图 5.6 为 2012 年 3 月 30 日世界时 5:10 美国俄克拉荷马州诺曼市观测到的三体散射特征(Mahale et al.，2014)，观测仰角为 0.5°，在 5:15 时地面产生了直径为 10.2cm 的冰雹。图 5.6(a)为 Z_H，图 5.6(b)为 ρ_{hv}，最大雷达发射率 67 dBZ 大约出现在 3.7 km 高度上，ρ_{hv} 的 67 dBZ 轴心为 0.81～0.86。通过整体体扫发现最大雷达反射率 68 dBZ 出现在 7.4 km 处，冻结层在 3.2 km 处，融化层在 1.8 km 以下，本次三体散射特征出现在冻结层之上。在强冰雹出现的前 5min 出现了明显的三体散射特征，说明冻结层以上的三体散射特征具有一定的冰雹指示作用。

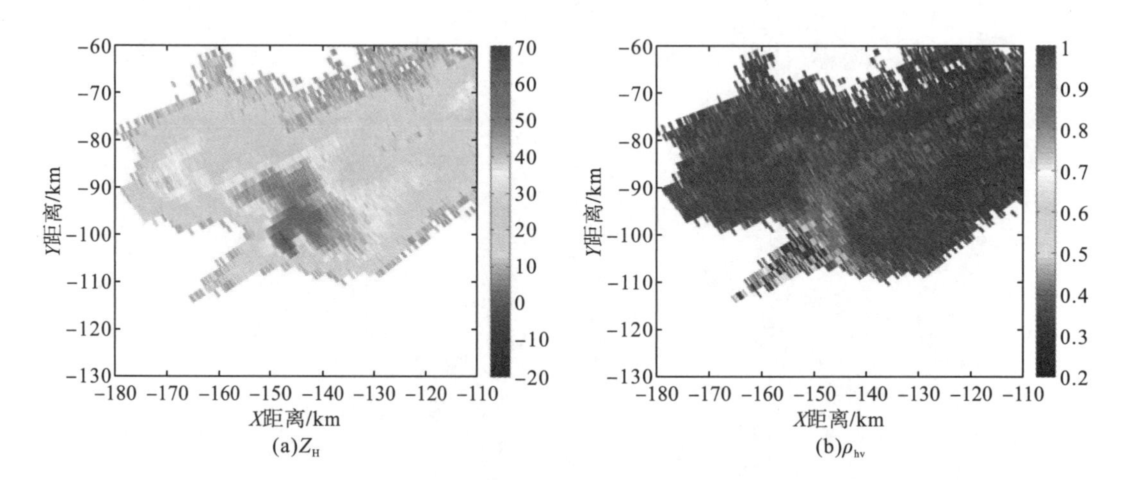

图 5.6 2012 年 3 月 30 日 5:10 诺曼市观测到的三体散射特征（Mahale et al.，2014）

目前在C波段雷达资料的应用过程中，也利用三体散射特征作为冰雹发生的一种潜势预警指标。王晓君等(2014)利用普洱地区C波段天气雷达分析了27次三体散射特征指出，出现三体散射的雷达反射率因子一般为55～69dBz，一般出现的高度为2.5～11.5km，4～9.5km处出现的频率最高，维持时间为10～80min，有三体散射特征出现时，60%出现降雹，11%出现强降雹，三体散射特征出现于冰雹出现的时间，一般提前时间平均约为35min。

4. V型缺口回波

V型缺口回波一般可分为两种，第一种是由于超级单体的入流和出流造成的无回波或弱回波区；第二种是由于云内的大水成物粒子对电磁辐射的强衰减作用，雷达电磁辐射无法穿过大粒子，在大粒子后部形成的V型缺口回波。由于粒子衰减造成的V型缺口回波在C波段雷达中较为常见。随着我国C段雷达的迅速布网和发展，1991～2013年，有大量的研究报道了V型缺口回波对冰雹的预警作用，其中包括内蒙古、吉林、北京、四川、云南、广西、贵州、陕西、河南、湖北、安徽和广东等地区(夏文梅等，2016)。

夏文梅等(2016)利用普洱地区C波段雷达资料，分析了2004～2013年共33次V型缺口回波特征及其对冰雹的预警作用。V型缺口的最佳观测仰角为0.5°～2.4°，V型缺口回波出现的高度主要集中在2～6.5km处。V型缺口回波可分为两类，第一类是块状强回波单体径向后侧的缺口，最大雷达反射率大于55dBz，出现的位置距离雷达中心15～105km，该类回波缺口是非常有价值的冰雹预警指标，准确率达到69%；第二类V型缺口回波主要为片状或块状多单体回波径向后侧的缺口，最大雷达组合反射率因子为50～55dBz，出现在距离雷达中心30～100km的位置，该类缺口回波的冰雹预警作用一般，冰雹预报准确率约为29%。图5.7给出了第一类和第二类V型缺口回波特征，2013年5月4日18:10基本反射率[图5.7(a)]和2010年3月28日17:39的基本雷达反射率[图5.7(b)]，第一类为强单体，第二类为片状或多单体。在有V型缺口回波出现的情况下，且组合反射率大于55 dBz，45dBz雷达回波高度在7.5km以上时，冰雹的预报准确率达到100%，而该类方法对于冰雹预警的提前时效一般为5～102min，说明其具有一定的预警指示意义。

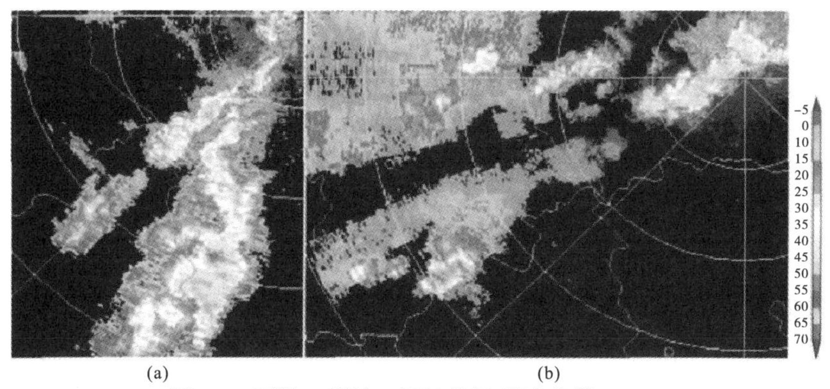

图5.7　两类V型缺口回波特征(夏文梅等，2016)

注：(a)为2013年5月4日18:10基本反射率，属于第一类V型缺口回波；(b)为2010年3月28日17:39的基本雷达反射率，属于第二类V型缺口回波。

2010年5月16日美国俄克拉荷马州诺曼市发生了一次十分明显的降雹过程(Picca and Ryzhkov，2012)，出现的最大冰雹直径超过 10cm。图 5.8 为世界时 20:55 诺曼市 S 波段和 C 波段雷达反射率因子，观测仰角为 0.5°，可以看出，S 波段和 C 波段雷达的反射率因子最大值都超过 65dBZ，中心位置带状的最大回波区是出现明显降雹的区域，从 C 波段雷达回波反射率图中，可以清楚地看到 V 型缺口回波特征。

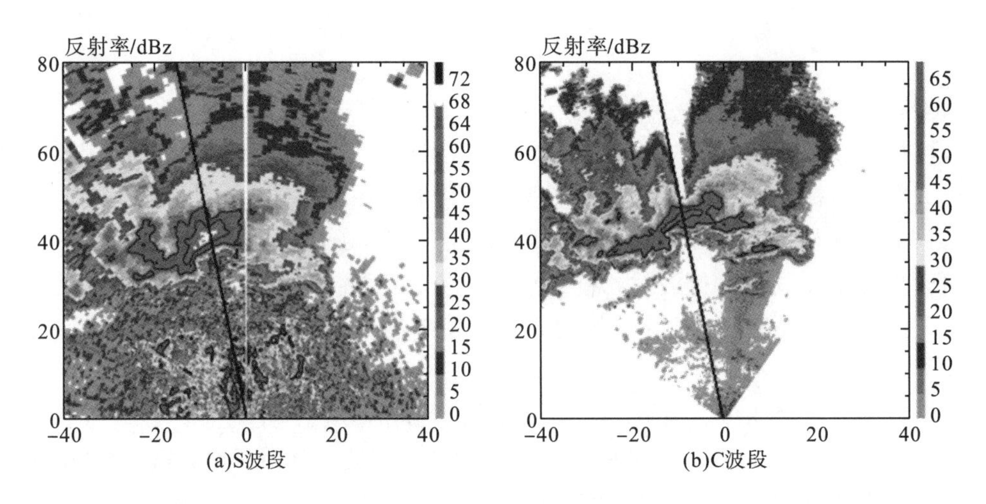

图 5.8 美国俄克拉荷马州诺曼市 S 波段和 C 波段雷达反射率因子(水平距离单位为 km)

5. 垂直积分液态含水量

垂直积分液态含水量(vertically integrated liquid，VIL)是判断对流风暴强度的重要参数之一，目前是CINRAD-SA和SB新一代天气雷达常用的产品之一。VIL由Greene和Clark(1972)最早提出，是指云内液态水混合比的垂直积分，如果 VIL 高于某一地区相同季节对流系统 VIL 平均值，则可考虑有冰雹发生。美国俄克拉荷马州(俞小鼎等，2006)5 月出现强冰雹的 VIL 阈值是 55 kg/m^2，6～8 月出现强冰雹的 VIL 阈值是 65 kg/m^2。VIL 阈值会随着季节、雹暴顶高发生变化，定义VIL与雹暴顶高比值为VIL密度。Ambum和Wotf(1997)统计了1994～1995 年美国 221 个冰雹个例，指出强冰雹的 VIL 密度阈值为 3.5 g/m^3。如图 5.9 所示如果用 3.28 g/m^3 作为冰雹发生预报 VIL 密度阈值，预报准确率可达到 96.7%，如果 VIL 密度阈值超过 4.0 g/m^3，则有可能产生直径大于 2cm 的冰雹。利用 VIL 密度阈值做冰雹预报时需注意以下几个问题：①距离雷达中心 30～150 km 区域 VIL 密度阈值的误差较大，并不适用；②VIL 密度阈值主要是针对冻结层以上的冰相过程，对冰雹有一定的指示作用，但如果冻结层高度过高，冰雹融化过程明显时，VIL 密度阈值对冰雹的预报准确率会降低。

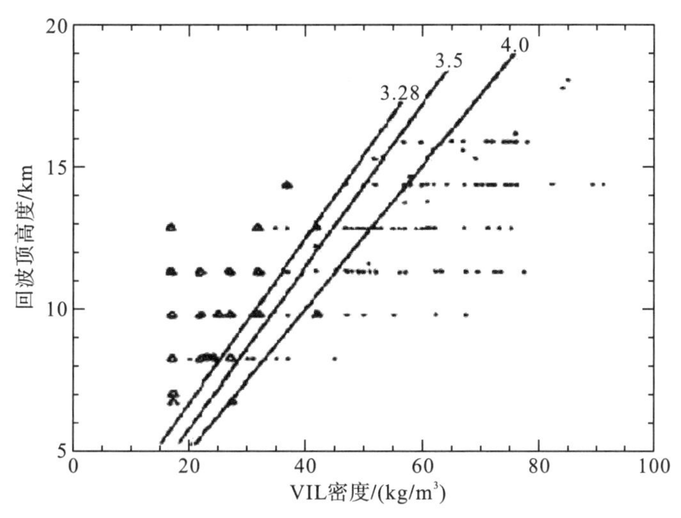

图 5.9　VIL 密度(kg/m³)和对流云顶高度关系(吴剑坤和俞小鼎，2009)

注：实线为 VIL 密度阈值(g/m³)，实心点为冰雹个例，空心点为非冰雹个例。

6. 双线偏振雷达粒子识别对于雹暴预警的作用

双线偏振雷达在探测降水系统时，探测量对降水粒子性能(形状、尺寸、方向、相态以及下落状态)是敏感的，通过双线偏振雷达不同探测量得到的信息可以对降水粒子进行有效识别。但是，在进行降水粒子识别前，雷达站周围高大地物的遮挡、雷达天线波瓣随距离增大而产生的展宽效应以及环境噪声、信号衰减(尤其是 X 波段)等原因都会使雷达获取到的探测资料质量下降，所以，在应用雷达偏振量进行降水粒子相态识别前，应对雷达资料进行相应的质量控制(赵川鸿等，2018；Park et al.，2015；毕永恒等，2012；Cho et al.，2006；Bringi and Chandrasekar，2001)。

降水粒子识别可以用于诊断冰雹核心、雨/雪转化、霰区、强电场区域(通过垂直排列的冰晶粒子)。模糊逻辑算法是一种合成降水粒子识别方案中的偏振参量信息的较为成熟且应用广泛的技术。近十几年，基于模糊逻辑算法的 S 波段双线偏振雷达降水粒子识别算法(hydrometeor identification，HID)被提出，并在过去十几年的大量研究中被证明是相当成功的(Chandrasekar et al.，2013；Park et al.，2008)，其中，不同类型降水粒子变化范围通过散射模拟实验和观测研究得出。基于模糊逻辑算法的 HID 方法已经被拓展到短波长雷达 C 波段(Dolan et al.，2013)，然而，由于非瑞利散射和衰减效应的存在(在 S 波段中可忽略)，将 S 波段 HID 方法直接应用于 X 波段是存在问题的。

近来，Snyder 等(2010)提出了基于模糊逻辑算法应用于 X 波段双线偏振雷达特征参量的 HID 方法。随后，Al-Sakka 等(2013)基于观测研究和 T 矩阵散射模式提出了一种识别雨、湿雪、干雪、冰晶和冰雹的 HID 方法，可应用于 X 波段双线偏振雷达。Thompson 等(2014)利用 Mueller 矩阵和 T 矩阵散射模式建立了识别冬季降水粒子(板晶、枝晶、聚合物、雨凇、雨)的 HID 方法，可应用于 X 波段双线偏振雷达。

综上，通过 Kouketsu 等(2015)、Thompson 等(2014)、Al-Sakka 等(2013)以及 Snyder

等(2010)对于 X 波段双线偏振雷达 HID 方法的研究，证明经过衰减订正后的 X 波段双线偏振雷达参量是可以用于降水粒子识别的，并将该波段 HID 方法同 S 波段双线偏振雷达 HID 方法对比，以及利用地面观测资料进行验证，表明了基于 X 波段双线偏振雷达的 HID 方法对于液态的毛毛雨、雨以及固态的冰晶、聚合物、霰、雨夹雹等降水粒子具备一定的识别能力，尤其对于干霰、干雪聚合物以及冰晶的识别效果较好。

目前，国内对于 X 波段双线偏振雷达识别雹暴中降水粒子的 HID 方案大多直接参考 Park 等(2008)、Liu 和 Chandrasekar(2000)、Straka 等(2000)针对于 S 波段的 HID 方案，并且对于降水粒子的识别结果缺乏与地面资料结合的效果验证。因此本书研究旨在构建一套适用于国内 X 波段双线偏振雷达的雹暴内部降水粒子识别方案，将该 HID 方法应用于实际雹暴过程分析，结合地面观测资料对冰雹识别结果进行检验评估，并对雹暴降水粒子垂直分布结构、冰雹的形成和初生区域以及下降路径进行研究。

5.1.3 卫星资料的应用

虽然利用卫星在冰雹预警方面的应用不如雷达那么广泛，但卫星云图的高覆盖范围弥补了许多地方资料的缺失。自从 20 世纪 80 年代开始，多位学者针对冰雹云的卫星云图特征进行了研究。冰雹云在卫星云图上的表现最突出的是以下两方面(俞小鼎等，2012)：第一，从可见光云图和红外云图中均可观测到强对流云系的云砧，云砧面积的快速扩展说明该云系的上升气流极强，发生冰雹的可能性较大；第二，红外云图中的云顶亮温是判断云体发展旺盛程度的又一重要参数，通常云顶亮温低于-40℃时，说明云体发展旺盛，云内冰相过程丰富，可能有冰雹产生。

一般降雹云系可分为对流性云系和系统性云系(马禹等，2004)。对流性降雹云系按尺度大小可分为雷暴云、对流云和中尺度对流系统；系统性降雹云系按照云体位置可分为冷云核、云区和云系边缘。雷暴云的水平尺度较小，为中 γ 尺度，在红外云图中可见清晰的点状或小团状结构。对流云在红外云图的特征比雷暴云更清楚，尺度更大，云体边缘清晰整齐，一般水平尺度为中 γ 到 α 尺度。中尺度对流系统，在红外云图和可见光云图都较易识别，呈现椭圆状结构，发展成熟阶段通常有云砧出现，持续时间在 3h 以上，云顶亮温低于-32℃，水平尺度为中 β 到 α 尺度。冷云核一般在云系中心位置，云顶亮温明显低于周围云系。云系云区冷云盖覆盖范围较广，尺度在中 α 尺度以上。云系边缘一般出现在系统云系的边缘区域，也可出现降雹天气。

张杰等(2004)分析了西北地区东部 2001～2004 年 88 次冰雹个例指出，雹云的云顶亮温一般在-28℃以下，可见光和近红外波段反射率大于 0.6。该地区的雹云云顶高度一般为 4.5～7km，冰雹一般出现在云光学厚度和云粒子有效半径的大值区域。蓝渝等(2014)根据 FY-2E 静止卫星资料分析了 2010～2012 年华北 27 次冰雹过程指出，对流云团快速发展阶段更利于冰雹产生，降雹主要出现在椭圆形对流云团的边缘或带状对流云系的传播方向前沿，即云顶亮温梯度极大区。雹云中产生大于 1cm 的冰雹，均具有云顶亮温低且亮温梯度大的特征。

5.1.4 闪电资料的应用

闪电活动是强对流天气的产物之一，冰雹云中也经常伴随着闪电活动的发生，而冰雹云的闪电活动往往具有这特殊的特征，从某种程度来说，闪电活动也可以作为冰雹活动及冰雹云结构的一种指标。闪电频次较低的雷暴云一般不会产生冰雹，发生降雹的雹暴中有60%以上的个例闪电频次超过 100 个/h。正地闪活动与冰雹的发生具有一定的关联，对流旺盛的雹暴中，产生的正地闪比例明显偏高，有的正地闪比例甚至超过 50%，正地闪发生的时间与冰雹降落时间也具有较好的对应关系(冯桂力等，2008；Baughman and Fuquay，1970；Shackford，1960)。Soula 等(2004)对比未发生降雹的雷暴云和雹暴指出，在整个雹暴的发展过程中，地闪活动开始时以正地闪为主，随着雹暴的发展负地闪占主要地位。在一般的雷暴云中云闪和地闪的比率约为 3∶1，而在有降雹发生的雹暴中，地闪的比例明显降低，甚至还发现在一些雹暴中很少有地闪发生(郑栋等，2010)。

闪电发生位置与冰雹落区并不对应，闪电发生位置主要集中在冰雹降落区域的强反射率核心之外，地闪活动与降雹时间存在一定的延迟性，地闪活动一般发生在地面降雹出现的 8～10min 前，地面降雹发生之前，闪电频次迅速上升，在降雹发生期间，闪电频次仍然很高，但有一定的降低趋势，在降雹结束后，闪电频次迅速降低，最后闪电活动结束。美国佛罗里达地区的研究(Changnon，1992)指出，在强冰雹天气发生的 5～20min 之前，闪电频次突然增加；而北京地区的雹暴中也有类似的现象，在冰雹降落之前的 25min 内，闪电活动频次具有跳跃式增加的特征。可以认为闪电活动能够作为指示冰雹出现的一种重要指标。王晨曦(2014)分析了华南一次雹暴中闪电和冰雹的关系，如图 5.10 所示，在雷暴云降雹阶段，地闪频次呈现波动式变化，闪电活动较为活跃；降雹后阶段地闪频次先降低，随后迅速增加，此时的地闪活动强度明显高于降雹阶段。

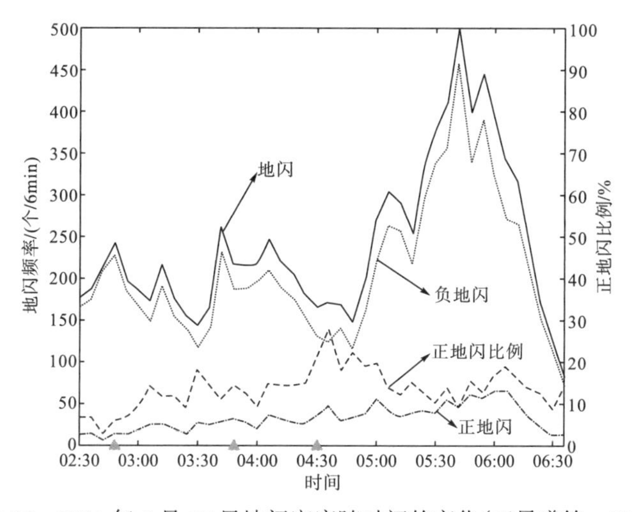

图 5.10 2011 年 4 月 17 日地闪密度随时间的变化(王晨曦等，2014)

注：横轴三角号表示冰雹发生时间。

5.1.5 回波特征追踪法和交叉相关追踪法

利用雷达回波进行雹暴追踪是冰雹临近预报的重要方法之一。回波特征追踪法和交叉相关外推法是比较成熟的临近预报技术，但预报时效较短。概念预报模型和外推法结合能够大大提高强对流天气的预报准确率，通过发生、发展、成熟和消亡的概念模型，建立临近预报系统，可以预报雹暴的降水移动，同时可预报整个对流系统的生消过程。

雷达回波特征追踪法是利用雷达连续测量两个雷达质量中心的移动距离来推断雷暴单体的演变规律(王瑾，2008)。首先，设定一定的风暴单体回波阈值，将雷达径向排列的连续超过阈值的距离库认定为风暴单体；然后，将符合条件的不同段组合成二维分量计算二维分量信息；最后，使这些分量垂直相关构成三维单体，计算单体属性。风暴单体追踪是通过前次体扫得到的单体与前次扫描得到的单体，最优组合后来监测风暴单体的移动。质心跟踪法的主要识别算法有 TITAN 算法(thunderstorm identification，tracking，analysis and nowcasting)(Dixon and Wiener，1993)，以及 SCIT 算法(storm cellidentification and tracking)(Johnson，1998)。SCIT 算法选取的雷达回波阈值有 7 个，包括 30dBZ、35dBZ、40dBZ、45dBZ、50dBZ、55dBZ、60dBZ，对比 WSR-88D 算法只选取 30dBZ 一个回波阈值，有了明显的改进，不仅可以识别强对流单体，也可以识别带状和簇状对流云系。图 5.11 展示了 TITAN 算法对一次对流系统的识别，黄色圈表示对流单体未来的尺度，黄色箭头则表征了对流云系的移动方向，可以看出，北部对流单体将会向东南部移动，且有增强的趋势，南部的对流单体也会向东南方向移动，而风暴单体的水平尺度会减小(Dixon and Wiener，1993)。

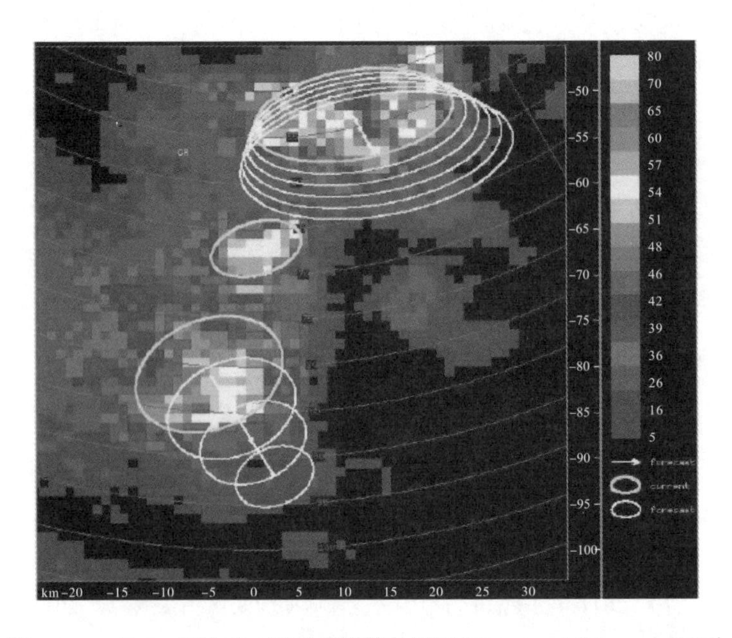

图 5.11 TITAN 算法对一次对流系统的识别(Dixon and Wiener，1993)

质心跟踪算法在美国 NCAR(National Center for Atmospheric Research，国家大气研究中心)和 NOAA(National Oceanic and Atmospheric Administration，国家海洋大气局)等机构开发的短临预报系统中得到了广泛的应用。但该算法仍有一定的缺陷，质心跟踪算法依赖于雷达回波阈值来追踪风暴体，对层状云降水没有很好的预测效果。该算法对于结构简单且强度强的对流单体识别准确率较高，而对于结构复杂的对流系统，预报效果有待提升。

交叉相关追踪法是较为成熟的雷达回波外推方法，主要是通过将某一时刻的雷达回波向任意方向移动一定距离，然后用下一个时刻的雷达回波与任意移动的回波做相关，相关性高的移动认为是雷达回波的移动方向，以此方法外推雷达回波的未来移动方向。Rinehart 和 Garvey(1978)将雷达回波分成若干个等面积小块，然后外推每个小块雷达回波的移动，这种方法叫作 TREC(tracking radar echoes by correlation)方法。该方法对天气类型不敏感，可对多种天气类型进行跟踪，对移动路径预报较为准确，同时该方法只需利用两个时次的雷达回波，即可外推雷达回波移动方向，计算量小，容易实现。该方法的缺点是将雷达回波看作整体或是若干小块，无法表征整个系统的组织结构；另一方面，这种算法不能得到雷达回波强度的演变过程。

5.2　雹暴的数值预警预报指标

雹暴的数值模拟是现代云和降水物理学重要的研究方法之一。20 世纪 50 年代末，气象学家开始利用一维、二维和三维云模式讨论冰雹云的结构和形成机理。早期利用一维和二维云模式，讨论雹暴的冰相微物理过程，以及冰相粒子的增长特点(Takahashi，1978；Danielsen et al.，1972)。我国从 20 世纪 60 年代开始也开发了一系列冰雹云模式，从一维到三维模式，能够较好地反映冰雹云中冰核核化、冰晶繁生、淞附增长和碰冻增长等过程(郭学良，1997；孔繁铀等，1990；胡志晋和何观芳，1987；巢纪平和周晓平，1964)。三维冰雹云模式和粒子群增长模式的应用，揭示了雹云中过冷水的消耗和水凝物的积累，冰雹粒子在穴道内循环增长，水分累计带的循环增长受流场和粒子运动的动力过程控制(许焕斌和段英，2002；许焕斌和段英，2001)。中尺度数值模式预报准确率和分辨率的提高，对雹暴预警起到了重要作用，特别是高分辨率区域数值模式在雹暴预警中的应用，大大提升了雹暴的可预报性。高分辨率数值模式提供的近风暴环境参量，可帮助预报员判断雹暴的发生潜势；模式的预报信息与雷达外推方法相结合，能提高雹暴发生发展趋势的预报准确率；提取合适的高分辨率模式后处理产品，可直接指导冰雹预报(漆梁波，2015)。

数值模拟是了解冰雹云微物理结构和宏观特征的重要手段。目前，云模式和中尺度模式在雹暴模拟中的应用越来越广泛，推动了数值模拟在雹暴预警预报方面的应用。目前高分辨率数值预报模式在雹暴临近预警的应用主要分为两种(俞小鼎等，2012)：一种是提供环境参数；另一种是与雷达外推方法结合，延长预报时效。

5.2.1 提供雹暴环境参量

美国 NOAA 和 ESRL(Earth System Research Laboratory，地球系统研究实验室)开发了快速更新循环系统 RUC，该系统利用三维变分同化方法连续不断地对观测资料继续同化，形成间隔 1h 的三维分析场(Benjamin et al.，2004)。2009 年 RUC 系统水平分辨率为 13km，预报面积覆盖整个美国，系统中同化的资料如表 5.2 所示，2010 年该系统将预报模式更换为 WRF 中尺度模式，系统更名为 RR，同时同化资料增加了 GOES 卫星微波垂直探测器辐射率资料(Benjamin et al.，2009)。该系统最高分辨率为 3km，可以逐时提供预报雹暴和强对流系统的关键环境参数，包括对流有效位能、对流抑制能量、抬升凝结高度、自由对流高度、平衡高度、0℃层和-20℃层高度、下沉气流对流有效位能、0～3km 垂直递减率、低层和深厚垂直风切变、地面及 850hPa 层的比湿和位温、风暴螺旋度和对流层中高层垂直运动等。预报员利用以上强对流参数进行 18h 预报检验，同时验证各个环境参数的可靠性，最终利用系统输出的强对流参数进行各种强天气预警预报。我国北京城市气象研究所(范水勇等，2009)也以 WRF 模式和三维变分同化方法为基础建立了循环周期为 3h 的快速循环同化系统，该系统同化的观测资料相对有限，包括区域自动站观测资料、地面站常规资料、北京地区 GPS 可降水量资料和探空资料，该系统覆盖的范围主要是北京、天津和河北部分地区，每隔 3h 输出一次，利用系统输出的环境参数做未来 18h 预报预警服务。

表 5.2 三维变分变速循环系统同化的观测资料(Benjamin et al.，2004)

数据类型	同化数量	循环时间/h
探空资料	150	12
边界层风廓线雷达资料	35	1
对流层风廓线雷达资料	25	1
飞机观测的风和温度	3500～10000	1
地面观测温度、气压、湿度和风	2000～2500	1
浮标和船舶观测资料	200～400	1
GOES 云迹风	4000～8000	1
GPS 可降水量	300	1
中尺度自动站温度和露点温度	8000	1
中尺度自动站的风	4000	1
云、能见度和强天气	1800	1
闪电定位仪数据/雷达反射率因子	大量	1

5.2.2 数值预报与雷达外推结合

由于一般的雷达外推算法无法完全包含对流系统的发展过程，所以一般雹暴等小尺度强对流系统的预报时效约为 1h，即使是生命史较长的超级单体或飑线系统，雷达外推算法的预报时效也很难超过 3h(Wilson et al.，1998)。高分辨率数值预报产品与雷达回波外推方法相结合，将强对流天气预报时效提高至 6h，0～1h 预报主要依靠雷达回波外推方法，1～3h 的预报使用雷达外推与数值预报环境参量相结合的方法，3～6h 的预报主要依赖高分辨率数值预报系统输出的强对流环境参量。

目前有很多单位采用以上方法进行降水预报和短时临近预警工作，包括中国广东省气象局的 SWIFT 系统、香港天文台的 SWIRLS 系统，英国气象局的 NIMROD 系统，澳大利亚气象局的 STEPS 系统以及美国民航局的 CoSPA 系统。以上方法对雹暴等强对流系统预报的准确率主要取决于数值预报模式对强对流天气的预报准确率和雷达外推算法与数值预报产品的结合方法，一般而言数值预报模式的准确率直接影响着整个系统的预报准确率，数值模式一般对有大尺度系统激发的强对流天气系统有较好的预报效果，但对于局地性较强的强对流系统的预报能力很差。

5.3 雹暴预警预报指标的综合应用

本章概述了雹暴等强对流天气的观测预警预报指标和数值模式在强对流天气预警预报中的应用。目前，我国对雹暴等强对流系统的预报主要以预报员的主观预报为主，同时结合各种观测和数值预报产品，一般而言，强对流天气的预报时效为6h，但定点、定时和定性的预报时效不足 1h。

雹暴发生的基本条件与深厚湿对流发生的条件一样，包括大气静力不稳定、充足的水汽和抬升触发机制，同时还应包括较大的对流有效位能、大的深厚垂直风切变和适当的0℃层高度，探空资料包括了以上参数。雷达回波特征和雷达参数是冰雹预警预报最重要的方法，包括高悬强回波、低层弱回波区、有界弱回波区、三体散射、V 型缺口等，较大的垂直积累液态水含量、强度风暴顶辐射和中气旋的出现也是冰雹临近预警的重要指标。卫星资料和闪电资料在雹暴系统预报中的应用也起到了一定的辅助作用。雹暴预警预报的根本还是要在大量观测资料的基础上，建立符合某一地区特征的冰雹概念模型，将冰雹概念模型和观测资料以及数值预报产品相结合，以期提高冰雹预报的准确性和预报时效。

参考文献

毕永恒，刘锦丽，段树，等，2012. X 波段双线偏振气象雷达反射率的衰减订正[J]. 大气科学，36：495-506.

巢纪平，周晓平，1964. 积云动力学[M]. 北京：科学出版社.

丁一汇，1980. 暴雨和强对流天气研究[M].北京：科学出版社.

丁一汇，李鸿州，章名立，等，1982. 我国飑线发生条件的研究[J]. 大气科学，2：276-289.

冯桂力，郄秀书，吴书君，2008.山东地区冰雹云的闪电活动特征[J]. 大气科学，32(2)：289-299.

范水勇，陈敏，仲跻芹，等，2009. 北京地区高分辨率快速循环同化预报系统性能检验和评估[J]. 暴雨灾害，28(2)：119-125.

郭玉凤，2009. 巴彦淖尔市冰雹预报方法应用研究[D]. 北京：中国农业科学院.

郭学良，1997. 三维强对流云的冰雹形成机制及降雹过程的冰雹分档数值模拟研究[D].北京：中国科学院大气物理研究所.

胡志晋，何观芳，1987. 积雨云微物理过程的数值模拟(一)微物理模式[J]. 气象学报，45(4)：467-484.

孔繁铀，黄美元，徐华英，1990.对流云中冰相过程的三维数值模拟Ⅰ：模式建立及冷云参数化[J]. 大气科学，14(4)：441-453.

李静，2012. 冰雹云结构及其演变特征的卫星和雷达等综合观测分析[D].南京：南京信息工程大学.

廖玉芳，俞小鼎，吴林林，等，2007. 强雹暴的雷达三体散射统计与个例分析[J]. 高原气象，26(4)：812-820.

蓝渝，郑永光，毛冬艳，等，2014. 华北区域冰雹天气分型及云系特征[J]. 应用气象学报，25(5)：258-549.

马禹，王旭，郭江勇，2004. 新疆系统性冰雹天气过程的环流形势及卫星云图特征分析[J]. 高原气象，23(6)：787-794.

漆梁波，2015. 高分辨率数值模式在强对流天气预警中的业务应用进展[J]. 气象，41(6)：661-673.

陶诗言，丁一汇，周晓平，1979. 暴雨和强对流天气的研究[J]. 大气科学，3(3)：227-238.

吴剑坤，俞小鼎，2009. 强冰雹天气的多普勒天气雷达探测与预警技术综述[J]. 干旱气象，27(3)：197-206.

吴剑坤，2010.我国强冰雹发生的环境条件和雷达回波特征的初步分析[D]. 北京：中国气象科学研究院.

王晓君，夏文梅，段鹤，等，2014. 三体散射长钉在C波段雷达中的应用研究[J]. 气象，40(11)：1380-1388.

王晨曦，郑栋，张义军，等，2014. 一次雹暴过程的闪电活动特征及其与雹暴结构的关系[J]. 热带气象学报，30(6)：1127-1136.

王瑾，2008. 基于强对流数值模拟的贵州冰雹识别及临近预报方法研究[D]. 北京：中国科学院研究生院.

许焕斌，段英，2002. 强对流(冰雹)云中水凝物的积累和云水的消耗[J].气象学报，60(4)：575-584

许焕斌，段英，2001. 冰雹形成机制的研究并论人工雹胚与自然雹胚的(利益竞争)防雹假说[J].大气科学，25(1)：277-288.

夏文梅，王晓君，孙康远，等，2016. V型缺口在C波段多普勒雷达中的应用研究[J]. 气象，42(1)：67-73.

俞小鼎，2006. 多普勒天气雷达原理与业务应用[M]. 北京：气象出版社.

俞小鼎，周小刚，王秀明，2012. 雷暴与强对流临近天气预报技术进展[J]. 气象学报，70(3)：311-337.

周德平，杨洋，王吉宏，等，2007. 冰雹云雷达识别方法及防雹作业经验[J]. 气象科技，35(2)：258-263，314.

张杰，张强，康凤琴，等，2004. 西北地区东部冰雹云的卫星光谱特征和遥感监测模型[J]. 高原气象，23(6)：743-748.

郑栋，张义军，孟青，等，2010. 一次雹暴的闪电特征和电荷结构演变研究[J].气象学报，68(2)：248-263.

赵川鸿，周筠珺，肖辉，等，2019. X波段双线偏振多普勒雷达共极化差分相移资料的滤波方法研究[J]. 大气科学，43(2)：285-296.

Amburn S A，Wotf P L，1997.VIL density as a hair indicator[J].Wea Forecasting，12：473 -478.

Allen J T，Tippett M K，2015. The characteristics of United States Hail Reports：1955-2014[J]. Electron. J. Sev. Storms Meteorol.，10：1-31.

Al-Sakka H，Boumahmoud A A，Fradon B，et al.，2013. A new fuzzy logic hydrometeor classification scheme applied to the french x-，c-，and s-band polarimetric radars[J]. Journal of Applied Meteorology & Climatology，52(10)：2328-2344.

Bringi V N，Chandrasekar V，2001. Polarimetric Doppler Weather Radar Principals and Applications[M]. NewYork：Cambridge University Press.

Berthet C，Dessens J，Sanchez J L，2011. Regional and yearly variations of hail frequency and intensity in France[J]. Atmospheric

Research，100(4)：391-400.

Baughman R，Fuquay D，1970. Hail and lightning occurrence in mountain thunderstorms[J]. J Applied Meteor，9：657-660.

Benjamin S G，Devenyi D，Weygandt S S, et al.，2004. An hourly assimilation/forecast cycle：the RUC[J]. Mon Wea Rev，132：495-518.

Benjamin S G，Hu M，Weygandt S S，et al.，2009. Rapid updating NWP：integrated assimilation of radar/sat/METAR cloud data for initial hydrometeor/divergence to improve hourly updated short-range forecasts from RUC/RR/HRRR[C]// WMO Symposium on Newcasting，Whistler，Canada.

Changnon S A，1992. Temporal and spatial relations between hail and lightning[J]. J Applied Meteo，31(6)：587-604.

Cao Z，2008. Severe hail frequency over ontario，Canada：recent trend and variability[J]. Geophys. Res. Lett.，35：4-6.

Chandrasekar V，Keränen R，Lim S，et al.，2013. Recent advances in classification of observations from dual polarization weather radars[J]. Atmos Res，119：97-111.

Cho Y H，Lee G，Kim K E，et al.，2006. Identification and removal of ground echoes and anomalous propagation using the characteristics of radar echoes[J]. J Atmos Oceanic Technol，23：1206-1222.

Danielsen E F，Bleck R，Morris D，1972. Hail growth by stochastic collection in a cumulus model[J].J. Atmos. Sci.，29(1)：133-155.

Dessens J，Fraile R，1994. Hailstone size distributions in southwestern France[J]. Atmos. Res.，33：57-73.

Dessens J，Berthet C，Sanchez J L，2015. Change in hailstone size distributions with an increase in the melting level height[J]. Atmos. Res.，158-159(1)：245-253.

Dixon M，Wiener G，1993. TITAN：thunderstorm Identification，tracking，analysis，and nowcasting-a radar-based methodology[J]. J.atmos.ocean.technol，10(10)：785.

Dolan B，Rutledge S A，Lim S，et al.，2013. Arobust C-band hydrometeor identification algorithm and application to a long-term polarimetric radar dataset[J]. J Appl Meteor Clim，52：2162-2186.

Fraile R，Castro A，Sánchez J L，1992. Analysis of hailstone size distributions from a hailpad network[J]. Atmos. Res.，28：311-326.

Foote G B，1984. A study of hail growth utilizing observed storm condition[J]. J. Clim. Appl. meteor.，23(23)：84-101.

Greene D R，Clark R A，1972. Vertically integrated liquid water-A new analysis tool[J]. Mon Wea Rev，100：548 -552.

Johns R H，Doswell C A，1992. Severe local storms forecasting[J].Wea. Forecasting，7：588-612.

Johnson J T，Mackeen P L，Witt A，et al.，1998. The storm cell identification and tracking algorithm：an enhanced WSR-88D algorithm[J]. Weather and Forecasting，13：263-276.

Kouketsu T，Uyeda H，Ohigashi T，et al.，2015. A hydrometeor classification method for X-Band polarimetric radar：construction and validation focusing on solid hydrometeors under moist environments[J]. J Atmos Ocean Technol，32：150804114856003.

Liu H，Chandrasekar V，2000. Classification of hydrometeors based on polarimetric radar measurements：development of fuzzy logic and neuro-fuzzy systems，and in situ verificationp[J]. J Atmos Ocean Technol，17：140-164.

Lemon L R，1980. Severe Thunderstorm Radar Identification Techniques and Warning Criteria[M].Kansas City：NOAA Tech Memo，NWSNSSFC-3.

Lemon L R，1998. The radar “three-body scatter spike”：an operational large-hail signature[J] .Wea Forecasting，13：327 -340.

MahaleV N，Zhang G，Xue M，et al，2014. Fuzzy logic classification of S-Band polarimetric radar echoes to identifyThree-Body Scattering and improve data quality[J]. J Appl MeteorolClim.，53：2017-2033.

Mueller C，Saxen T，Roberts R，et al.，2003. NCAR auto-nowcast system[J]. Weather and Forecasting，18：545-561.

Park H S，Ryzhkov A V，Zrnic，D S，et al.，2008. The hydrometeor classification algorithm for the polarimetric WSR-88D：description and application to an MCS[J]. Wea Forecast，24：730-748.

Park S G，Kim J H，Ko J S，et al.，2015. Identification of range overlaid echoes using polarimetric radar measurements based on a fuzzy logic approach[J]. J Atmos Ocean Technol，33.

Picca J C，Ryzhkov A，2012. A Dual-Wavelength polarimetric analysis of the 16 May 2010 Oklahoma Cityextreme hailstorm[J]. Weather and Forecasting，140：1385-1403.

Punge H J，Kunz M，2016. Hail observations and hailstorm characteristics in Europe：a review[J]. Atmospheric Research，176-177：159-184.

Rinehart R，Garvey E，1978. Three-dimensional storm motion detection by conventional weather radar[J]. Nature，273：287-289.

Snyder J C，Bluestein H B，Zhang G，et al.，2010. Attenuation correction and hydrometeor classification of high-resolution，X-band，dual-polarized mobile radar measurements in severe convective storms[J]. J Atmos Oceanic Technol，27：1979-2001.

Straka J M，Zrnic D S，Ryzhkov A V，2000. Bulk hydrometeor classification and quantification using polarimetric radar data：synthesis of relations[J]. J Appl Meteor，39：1341-1372.

Shackford C R，1960. Radar indications of a precipitation-lightning relationship in New England thunderstorms [J]. J Meteor，17（1）：15-19.

Soula S，Seity Y，Feral L，et al.，2004. Cloud-to-ground lightning activity in hail-bearing storms[J]. J Geoph Res，109（D2）：1-13.

Takahashi T，1978. Riming electrification as a charge generation mechanism in thunderstorm[J].J. Atmos. Sci.，35（8）：1536-1548.

Thompson E J，Rutledge S A，Dolan B，et al.，2014. A dual-polarization radar hydrometeor classification algorithm for winter precipitation[J]. J Atmos Oceanic Technol，31：1457-1481.

Witt A，et al.，1998. An enhanced hail detection algorithm for the WSR-88D[J]. Wea Forecasting，13：286-303.

Wilson J W，Grook N A，Mueller C K，et al.，1998. Nowcasting thunderstorms：a status report[J]. Bull Amer Mer Soc，79：2079-2099.

Xie B，Zhang Q，Wang Y，2008. Trends in hail in China during 1960-2005[J]. Geophys. Res. Lett.，35：13801.

第6章　人工消雹的方法

雹暴是一种短时、局地且小范围的灾害性天气，其产生与发展受地形影响显著。在时间分布特征方面，雹暴年际变化显著、发生范围广。雹暴一般发生在夏季高温的背景环境下，当有强对流系统的激发时，雹暴产生的概率较高(Oliver，2008)。在空间分布特征方面，雹暴大多发生在中纬度地区，内陆发生的概率远高于海洋。从局地分布条件分析，雹暴多发生在山区等下垫面复杂的地区，而盆地和平原较少。冰雹的直径通常为 0.5～5cm，大冰雹的直径可以达到 10cm 以上。冰雹会对灾区的农业造成极大的破坏，其对农作物的叶、茎、果实等造成物理损伤，造成灾区农作物大量减产甚至绝收(Swanson et al.，2010)。

雹暴会影响当地群众的正常生产生活，并对其生命、财产造成巨大危害。为减少雹暴造成的经济损失，一般采取人工消雹来抑制或减少冰雹的形成与影响。人工消雹是指在规定时间及规定条件下，通过对对流云实施人为干预，影响云内雹区中的微物理过程，从而达到减轻或消除雹暴灾害的一种技术手段(许焕斌等，2004)。

人工消雹的历史可以追溯至中国的明朝，当时人们尝试用敲锣打鼓及发射火枪、火炮的方法阻止雹暴的发生，期望减少冰雹对农作物的破坏(黄美元等，2000)。有学者认为，这种方法是现代高炮消雹的最原始版本。在第二次世界大战后，播云法成为人工消雹的主流方法，这种方法最早由苏联发明，利用火箭和炮弹将碘化银催化剂送入云中。实践表明这种方法可以使冰雹对作物的损害减少 70%～98%(黄美元，1980)。在 1965～2005 年，已有 15 个国家采用了这种人工消雹方案(Abshaev et al.，2012；Abshaev et al.，2007)。本章从人工消雹的原理、作业过程及效果检验三个方面介绍了国内外人工消雹发展过程及现状。

6.1　人工消雹的原理

现代人工消雹的原理是建立在云和降水物理学的基础上，采用人工方法增强云中的凝结作用，是采用向云中撒播冰晶化催化剂的方法，使雹暴过程朝着减少气象灾害的方向转化的一项科学技术措施。目前有很多方法可以抑制或者消除冰雹，但当下唯一经过实验验证并广泛运用于实践的方法是播云法，这种方法是利用冰相粒子来改变云中的微物理过程。该方法涉及两个基本的概念假设，分别是引入竞争性冰雹胚胎(也称冰胚或冰核)(Xu et al.，2001)以及增加凝华过程(Browning，1976)。竞争性冰胚是利用人工干预的方法在云中加入更多的冰胚，其作用是增加云中冰胚的数量并争夺云中过冷水，变相减少雹暴云中的水汽含量，从而最大限度地限制冰雹的生长。而增加凝华过程的作用是增加播云率，期望将云中所有过冷水转化为冰，抑制冰雹的形成与发展。

之后的研究还发现，在播撒冰晶化催化剂时，不仅是催化剂的凝结过程抑制了冰雹的生长，在雹云中催化剂的下沉作用、防雹弹的爆炸作用以及提前的降水作用等，都会影响冰雹的形成与发展。

6.1.1 冰晶化催化剂

雹暴云中天然冰胚较少，这是冰雹产生的直接原因之一，人工消雹首先需要人工增加雹暴云中的冰胚数量，一般采用具有成冰性质的物质作为人工冰胚(表 6.1)(Knight et al., 1979)。

表 6.1 四种常用人工冰胚性能对比

名称	碘化银	碘化铅	硫化铜	干冰
化学式	AgI	PbI_2	CuS	CO_2
性状	亮黄色无臭微晶形粉末；有 α 和 β 两种类型；α 型为立方晶体，β 型为六方晶体	亮黄色重质粉末，无气味	黑褐色无定形粉末或粒状物	白色冰状固体
密度	α 型密度 6.010g/cm^3；β 型密度 5.683g/cm^3	6.16g/cm^3	4.76g/cm^3	1.56g/cm^3
熔沸点	α 型熔点 558℃，沸点 1506℃；β 型加热到 146℃ 即转为 α 型	熔点 402℃；沸点 872℃	熔点 507℃(转化为硫化亚铜)	熔点-78.5℃(升华)
水溶性	难溶(2.14×10^{-8}g/L)	溶解度低(0.62 g/L)	极难溶	溶于水(体积比 1∶1)，部分生成碳酸
毒性	毒性小，对环境有危害、可能造成水体污染	毒性大，对环境及生物可造成巨大危害	毒性小，加热后产生硫氧化物烟雾	无毒，但二氧化碳为主要温室气体

现阶段可以作为人工冰核的物质见表 6.1。碘化银是当下最常用的冰晶化催化剂。碘化银的优势在于：利用碘化银烟火剂将碘酸银同燃烧剂混合，制成碘化银焰弹、烟火筒等，在空中燃烧后迅速形成大量碘化银微粒，不仅可以在云中提供足量的冰胚，还可以产生一定的爆炸威力。

播云法现将碘化银作为主要的冰晶化催化剂运用在人工消雹作业中。但碘化银依旧存在很多的缺点和不足。例如，碘化银化学性质不稳定，在受到紫外线至 480nm 波长的光线照射后发生感光反应老化，这会影响到其作为冰晶化催化剂的稳定性。其次碘化银具有腐蚀性，在使用过程中具有一定的危险性。同时出于经济的考虑，碘化银制备时需大量的银元素，其原材料成本昂贵。但在找到合适的替代物之前，基于其远超其他人工冰核的优良特性，碘化银都是最佳的冰晶化催化剂。

20 世纪 40 年代，已有实验用运输机撒播碘化银的方法进行人工消雹作业（Brant et al.，2010）；苏联率先开始利用现代播云法，该方法使用火箭和高炮作为运输载体，将碘化银送入云中雹区；另外还有利用地面燃烧的形式将碘化银送入云中的方法（Dessens，2010）。

6.1.2　催化过程的微物理效应

冰雹的形成过程可以简化为对流云中出现一支强上升气流，同时 0℃的高度也相对较低（通用的判定标准是 0℃高度在 45dBZ 高度下 2.3km 以内），云中的冰胚在上升气流的作用下，在云中依靠冰雹的循环增长模式，最终形成上升气流无法负担的冰雹颗粒降落到地面。播撒冰晶化催化剂的最初目的是增加云中冰胚的数量，使云中的水汽无法支持冰雹的生长。

但播撒的催化剂不仅会争夺云中的水汽，还会在云中阻碍上升气流的发展。在冰雹的形成过程中，上升气流扮演了非常重要的角色。若能有效抑制上升气流的发展，就可以阻止冰雹的产生与发展。有观测结果显示，在云中播撒超量的高密度非冰晶化催化剂也会导致对流云崩溃。在人工消雹作业中，需要向雹暴云中加入大量的冰晶催化剂，这些粒子的密度大于空气的密度，在重力的作用下大量的粒子具有下沉的趋势，这会阻碍云中雹区的垂直气流发展（Browning et al.，1976）。

早期的雹暴云为弱对流云，向其中加入高密度粒子会阻碍对流云垂直运动的发展，这起到了弱化对流云的作用，对于人工消雹作业有一定的效果。但是超量播撒催化剂这一行为存在争议。超量撒播高密度粒子会耗费大量的人力、物力、财力，且该方法对环境也会造成极大威胁。虽然在一定程度上抑制了对流云的发展，但该方法综合性价比较低，并且对作业时间具有严格的限制。

对于催化剂用量问题的研究，现阶段最有效的方法就是在结合观测结果的基础上，利用模式来找出最佳用量。这样既能有效消除冰雹，又能节省人力、物力。利用雹暴云数值催化模式，对全球不同地区的雹暴过程进行模拟（Li et al.，2003；洪延超，1999；Sioutas，1998；黄燕等，1994），结果显示，对于高炮播撒催化剂的试验，作业的时间、催化剂的用量以及催化剂的使用位置都会影响人工消雹作业的效果。其中，作业时间在雹暴云发展的初期消雹效果最好；催化剂的用量与消雹效果呈对数关系，催化剂用量越大，消雹效果越好，但催化剂增大到一定程度后，消雹效果的变化就不再明显（Li et al.，2003）。因此，为了既能有效地消雹减雹又能提升经济效益，选择合适的催化剂计量十分重要。人工消雹作业的最佳位置为上升气流极值高度及其以上邻近位置，因为该区域正好位于冰雹的湿增长区，冰胚、霰粒子及过冷水含量较高（图 6.1）。

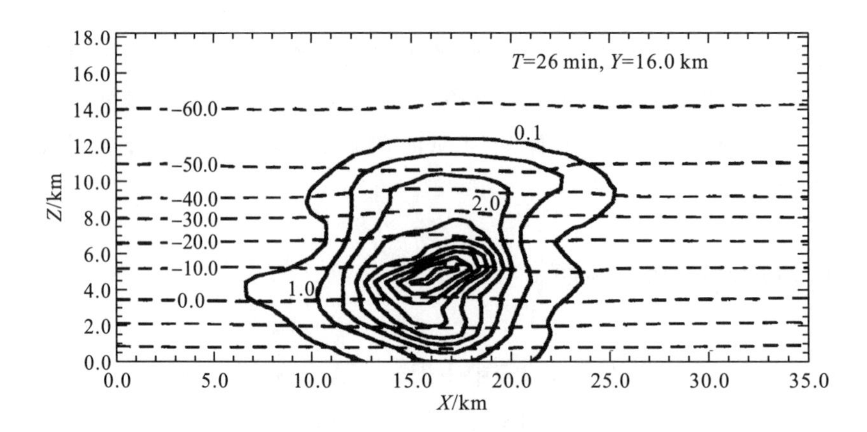

图 6.1 雹云内总含水量垂直分布(等值线间隔 1.0，单位 g/m^3) (Li et al.，2003)

对于雹暴云中冰胚的数量，现代研究认为，冰雹的生长速度很快，大约仅用数分钟就能由冰胚成长为冰雹，并迅速降落到地面。在这段时间内，假设雹云中垂直运动速度及过冷水含量保持不变，且冰雹的生长主要依靠凝华作用(黄美元，1980)，就可以得到如下公式：

$$NR^3 = \mathrm{C} \tag{6.1}$$

其中，N 为冰胚浓度；R 为冰雹半径；C 为常数。

当雹暴云中加入人工冰胚时得到

$$\left(\frac{R_e}{R_i}\right)^3 = \frac{N_i}{N_e} \tag{6.2}$$

其中，R_e 为人工消雹后冰雹的半径；R_i 为消雹前冰雹的半径；N_i 为消雹前天然冰胚的浓度；N_e 为人工消雹后冰胚的浓度。

要将冰雹大小缩减一个数量级，就需要将雹暴云中的冰胚浓度提升三个数量级。根据式(6.2)可以将冰雹的半径限制在安全范围内。但由于雹暴云中天然冰胚的数量并没有一个统一的判定标准，现阶段一般采用模式资料估计的方法统计冰胚数量(洪延超，1998)。

6.1.3 催化的动力效应

化学爆炸是一种剧烈的运动过程，其运动的马赫数大于 1，可以在极短的时间内产生高温并释放大量的压力，同时还会产生大量的气体产物。化学爆炸会引起周围空间的压力及物质状态发生变化(Zakrisson et al.，2011)。高炮及火箭在将防雹弹送入云中指定位置的同时，会在云中作业区域产生剧烈的化学爆炸。由防雹弹中的起爆器及雷管引导爆炸，将炮弹中的碘化银粉碎为微小的颗粒，同时剧烈的爆炸会引发周围环境的温压湿风振荡变化(许焕斌，1979)。

一些观测结果显示，在爆炸发生后的几分钟内，雹暴云中垂直上升气流的极大值减小，距离爆炸区较远的区域也产生了大量的冰核(Goyer，1965a)，温度扰动振幅达到 4℃，气压最大扰动 2hPa，湿度扰动振幅为 2%～3%。研究表明，爆炸及爆炸产生的余波会使云中的雨滴、霰粒子等分裂成为更多的冰胚(段英和许焕斌，2001)。

雹暴云中的水滴会随着运动不断发生碰撞而产生更多的小水滴，这种碰撞会增加云中的凝结核的数量(洪延超等，2002)。自然状态下，水滴发生碰撞是无序且小概率的事件，但是爆炸却会大大增加水滴碰撞发生概率，产生更多的小水滴。爆炸产生的巨大威力还能将雹区中已成型的冰雹、水滴及霰粒子震碎，形成更多的水滴及冰胚。同时爆炸产生的巨大能量也能迫使作业区域升温，削弱冰雹的产生条件并增加水滴浓度。水滴的浓度及大小是影响冰雹形成的重要因素(图 6.2)。爆炸使云中雹区产生了更多的冰胚及水滴，云中环境不再利于大冰雹产生，从而达到人工消雹的目的。

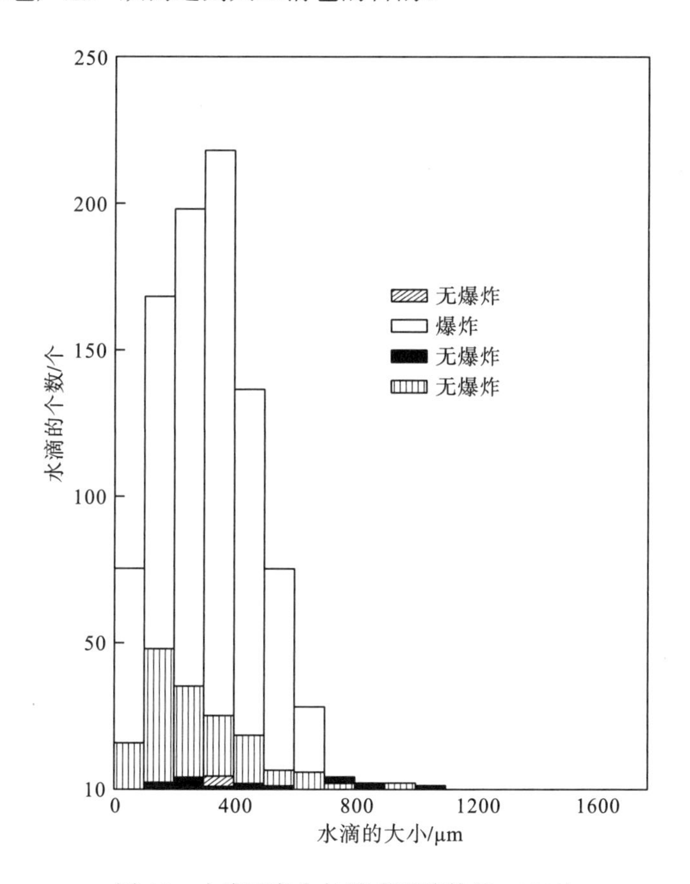

图 6.2　水滴尺度分布(段英和许焕斌，2001)

还有研究认为，爆炸对云中的上升气流有着极大的抑制作用(许焕斌，1979)。观测结果显示，爆炸前后云中上升气流的平均值以及极大值都有显著的减小。但是垂直气流的改变是否由于爆炸导致，目前并没有一个确定的结论。也有研究认为，是由于人工冰胚惯性下沉导致垂直气流发生改变(许焕斌和段英，2000)。

对流云中 0℃层高度是判定其是否为雹暴云的一项重要指标，若 0℃层高度较低，则认为是冰雹产生与发展的有利条件之一。在人工消雹过程中，爆炸产生了巨大的能量，对云中的温度产生一定的影响，同时有大量冰胚进入云中雹区，雹区的冰胚浓度增加，雹区过饱和的过冷水会迅速附着在冰核上，凝结施放潜热。这时云中会出现一个显著的增温过程，表现为云中 0℃层高度升高，不利于云中冰雹的形成。

6.1.4 将冰雹转化降水

随着人工消雹作业的开展，人工播撒的碘化银作为冰晶化催化剂的作用逐渐显现，云中的过冷水开始依附在冰胚上形成小雨滴或霰粒子。这些粒子在上升气流的影响下在云中上下浮动。同时爆炸作用及云中粒子的惯性下沉运动开始抑制云中上升气流，云中的各类粒子在增长到足够大时，转化为降水降落到地面(Krauss et al.，2004)。这样会使云中的总含水量降低，在冰雹凝结增长期间缺乏足够的水汽供应，云中环境不再适宜冰雹的生长，雹云转变为一般对流云。该过程阻碍了冰雹的生成与发展，使人工防雹效果得到进一步增强。

有研究表明，在雹暴云降水过程中，人工抑制上升气流可以改变雹云中垂直气流的分布，进而改变云中水汽含量的分布。若此时不改变云中冰胚数量，将会使降水量和降雹量同时增加(周非非等，2005)。同时雹云中的雨滴谱、冰晶谱和霰谱的形状及其存在的高度对降水和降雹的量级及强度影响巨大(陶玥和洪延超，2005)。

6.2 人工消雹的作业过程

根据黄美元(1980)的研究结果，将雹云的发展细分为发生、跃增、酝酿、降雹、消亡五个阶段。人工消雹的时机应该选择雹云的前三个阶段，其中最佳作业时机为雹云的跃增阶段(郭学良，2010)。可以看出，提前准备是人工消雹作业成功的重要保障，因此需要完整、精确的冰雹预报来指导作业。

雹暴天气发生时天气背景一般表现为高层冷空气入侵、低层水汽充盈，同时大气层中出现强不稳定层节。将这些天气现象作为冰雹预警的判据。为了减小误差所带来的损失，现采用气象信息产品及数值模式产品双重判定来减小系统性误差。同时利用卫星资料及雷达实时数据来观察雹云的发生与发展。

当预计有冰雹产生时，观测台将会发布冰雹预警。人工消雹团队需要完成一系列作业准备，并等待作业指令。这些准备包括作业点的 GPS 定位与检测、消雹设备的安装与架设、向空管部门申请空域等。这些准备有助于整个人工消雹作业过程在有组织且安全的情况下进行。

随后作业点需在指挥台规定的时间与区域内完成作业。作业完成后进行收尾工作。首先向指挥台反馈作业信息，以便及时收集数据及发布作业信息；其次需要拆卸作业设备、清点库存，并及时封装入库。至此一套完整的人工消雹作业就完成了。

图 6.3 为人工消雹的主要作业流程。整个流程的重难点在于冰雹预警与雷达定位。冰雹预警是在大气层节不稳定、有雹暴发生的条件时，向人工消雹作业团队提供预警，有利于作业团队提前准备，为整个作业过程争取时间；之后就可以利用雷达实时跟踪可能产生冰雹的对流云。雷达观测对流云可以使作业时间、作业位置更加精确，这将有利于更加精准地对雹云施加人工影响。现已引入更加高新的科技来对冰雹预报提供服务。例如利用卫星资料对雹云的位置及其云顶状监测，利用模式资料对作业时机及作业区域进行技术指导等。

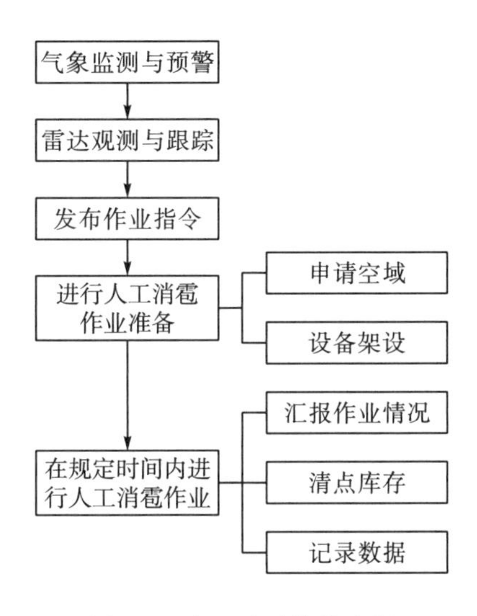

图 6.3　人工消雹作业流程

6.2.1　雹暴预警

雹暴是一种短时、突发且灾害性强的对流天气过程，运用普通常规的天气分析方法很难预测冰雹。观测数据表明，雹暴发生前存在对流层高层冷、低层暖，有较大的静力不稳定，低层水汽含量较大，抬升触发机制等现象。利用层节不稳定现象引入一些对流参数，包括抬升凝结高度的位温、0～-20℃的厚度、0℃层高度、对流有效位能 CAPE、SI 指数、K 指数、湿度 A 指数、-40℃层高度和垂直风切变等，这些指数都可以显示大气的稳定度及水汽条件。同时依据垂直风切变、0℃层高度、-20℃层高度等资料，可以显示出大气的垂直稳定度。

除了利用探空资料外，卫星资料及雷达产品结果也可以作为冰雹预报的参考。在雷达方面，运用雷达资料的冰雹云识别方法主要根据冰雹云和雷雨云之间的差异，以及雷达回波形态演变特征和雷达回波参量，基于各个参数的权重，对某一地区提出冰雹预警和预报方法指标。Weiss 等(2006)的实验结果表明，可以利用雷达探测的地物杂波的折射指数来反演低空大气的水汽分布。在卫星方面，吴蓁等(2011)指出，卫星资料中水汽图上暗区一般为高空干冷平流，如果存在暗区逐渐接近雹暴云，可能导致雹暴发生的可能性增加。运用这些参数基本可以确定4～8h内是否有雹暴产生的条件，从而得到强对流天气的潜势预报。不同地区所采用的参数指标也存在一定偏差。

当天气背景有利于雹暴发生时，需要关注当地是否具有抬升触发机制。能直接触发雹暴的中尺度系统包括边界层辐合线和中尺度重力波，复杂的下垫面也是触发雹暴的一个重要特征。若既有雹暴产生的条件，又存在抬升触发机制时，就可以发布冰雹预警。

6.2.2 雹云定位

雹暴云的路径及其起源都是采用雷达定位法来测定的。定位精度受限于雷达技术及雷达产品算法。利用雷达回波资料的演变可以定位雹暴云的位置，直观地记录下雹暴云的移动路径及生消过程。此外，利用雷达回波资料的分析计算，还能确定雹区的位置及降雹区域(肖辉等，2002)。

在利用俄罗斯火箭技术进行人工消雹的项目中，冰雹强度场参数化方案的基本特征量为冰雹动能通量E_k[J/(m^2·s)]以及单位面积总动能E(J/m^2)，这两个参数都是基于雷达观测结果计算得出。

冰雹动能通量E_k与雷达反射率Z(mm^6/m^3)的拟合关系为(Waldvogel et al.，1978)

$$E_k = 5.35\times10^{-7}\times10^{0.1018Z} \tag{6.3}$$

单位面积总动能E为

$$E = \frac{mv^2}{2} \tag{6.4}$$

其中，m为冰雹的质量；v为冰雹的速度。

从20世纪70年代开始，最初外国学者将45dBZ高度大于等于0℃层高度(H_0)+3.3km作为雹暴云的判据之一，在我国修正后将45dBZ高度大于等于0℃层高度(H_0)+2.3km作为雹暴云的判据。

除了雷达识别雹暴云外，还有许多雹暴云的识别方法，早期气象工作人员多采用宏观识别法，即通过目测对云进行分类，从而对雹暴云进行目测识别。随着气象观测技术的不断成熟，利用气象要素计算对流指数也成为冰雹预警的一种方法。此外随着卫星技术的发展，产生了利用卫星云图进行辅助识别的方法。但是现阶段基本采用的是雷达定位以及层节定位法，其他的定位方法仅用作辅助定位。

6.2.3 设备及人员布局

人工消雹的整个作业流程中，需要一整套的技术和设备支持。在冰雹预警阶段，需要雹区临近的几个探空站的观测及其资料产品，还需要雷达和卫星对雹云及其周围环境进行实时监控。在探空站、雷达站、指挥台及作业点间需要在恶劣天气状况下能保持通信的设备设施及车辆，通信设施还包括能及时发布预警及作业信息的平台。在人工消雹作业的准备阶段，需要高炮或火箭的发射装置、防雹弹以及设备的运输车辆等。同时人工消雹作业要依托在完备的后勤保障服务体系中。

在人员配置方面，人工消雹作业需要一支分工明确且业务能力过硬的团队。以国外专业的人工消雹团队为例，在平均 500km^2 的作业区域中，需要配置近 60 人的专业作业队伍，这其中丰富经验的专家不得少于 10 人，一般技术员工不得少于 30 人，其余为一般作业人员。这些人员将被分成 7 个组，分别为指挥台、雷达监测、气象援助、效果观察、通信、作业及后勤提供技术支持与服务。

6.2.4　播撒设备

人工消雹需要不同的载体将催化剂送入云中。播撒冰胚的载体在近 50 年里不断进步。最早美国采用运输机在雹暴云顶部播撒碘化银的方式进行人工消雹作业，但是这种方法不能将碘化银直接作用在云内，由于人工冰胚的使用效率较低，作业效果并不显著。随后苏联采用高炮对雷暴云进行定点打击播撒，这种方式能更加精确地将碘化银播撒至云中，冰胚的使用效率较飞机播撒更为显著。我国目前采用高炮和火箭结合的方法进行人工消雹，火箭较高炮来说，其对云中的目标定位更加精确，还兼具远程操控、多点打击等优势，研究表明火箭/高炮不仅能将催化剂准确送入目标位置，其爆炸威力也会抑制爆炸点下方附近上升气流的发展，所以利用火箭进行人工消雹是目前最佳的人工消雹方法。此外还有利用飞机在雹云下方播撒碘化银焰剂的方式，这种方式是利用雹暴云中的上升气流将冰胚直接带入云中雹区，其冰胚利用效率高于云顶播撒，但由于雹云下方可能会受到冰雹袭击，威胁人机安全，一般不采用这种方法进行人工消雹。各种碘化银播撒设备的对比如表 6.2 所示。

表 6.2　各种碘化银播撒设备的对比

运输载体	地面燃烧	飞机		高炮/火箭
		云上	云下	
作业过程难易度	简易	简易	较难	较难
受环境影响程度	高	高	高	低
危险性	低	低	高	低
作业准确度	低	低	较高	高
作业效果	不显著	不显著	显著	显著

6.2.5　信息化作业指挥系统

人工消雹作业过程一般包括气象监测与预警、雷达观测与跟踪雹暴云、发布人工消雹作业指令、人工消雹作业准备、开始作业播撒碘化银及后续收尾工作。以往这些流程都在指挥台的指挥与协调下依次完成，但随着现代信息技术逐渐运用至气象业务中，我国已逐步研发出数字化人工影响天气作业指挥系统。这套系统在人影办数字化雷达改造的基础上添加并实现了人工消雹作业的各项指挥任务，同时还添加了作业方案设计、作业信息发布及效果检验等功能。该系统整合了人工消雹作业所需要的各种功能，实现了在单一平台完成全部人工消雹的效果。

该系统运行流程如图 6.4 所示。这套数字化系统将冰雹预报、雷达识别、作业方案设计、信息发布、效果检验、作业汇报、资料存储等项目一体化、流程化运作。该系统在很大程度上节省了人力物力，有利于更加科学、高效地进行人工消雹作业。

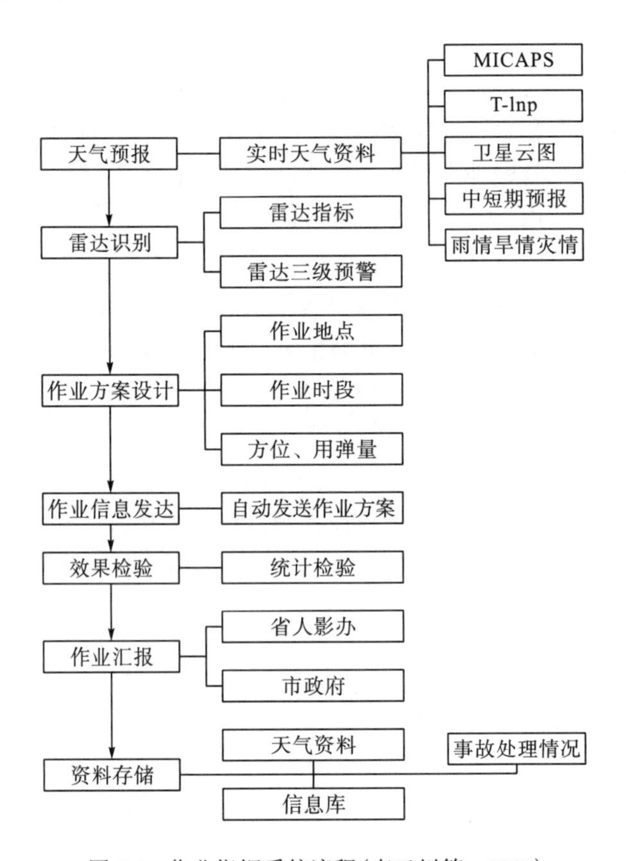

图 6.4 作业指挥系统流程(李云川等，2005)

6.3 人工消雹的效果检验

人工消雹作业后，需要对该次作业的效果进行检验。人工消雹的效果检验，必须具备对作业效果科学、客观且全面的认识，同时这项工作对于人工消雹的理论发展具有重大的推动意义。消雹的理论是否成立，消雹的效果孰优孰劣，都需要效果检验来评价，这样既能选择出优质的人工消雹手段，又能促进人工消雹技术的快速进步(Hsu and Changnon, 2010)。但现阶段人工消雹的效果检验是一个棘手的问题，冰雹是时间短、发展迅速并且偶发的一种强对流天气，但是雹暴云的体积和影响范围又十分巨大，这种过程无法在人工环境下进行模拟，又没有针对性很强的探测方案，具体的冰雹过程仅限于对观测结果的推论和演绎(章澄昌，1998)。许多专家学者提出了多种人工消雹的效果检验方案，但还没有一种公认的人工消雹检验手段被学界广泛接受。现阶段人工消雹的效果检验一般采用统计对比检验法和物理参数检验法。

6.3.1　统计对比检验法

早期受限于技术设备等因素，利用统计分析的方法检查人工消雹的作业效果是一种最佳的方法。这种方法的优势在于原始资料多种多样且较易获取，如对比人工消雹作业前后该地区冰雹的特征、降雹次数、降雹量的均值、中位数及偏差的不同，进行人工消雹的变化来分析来人工消雹的效果。此外还有依靠对比雹灾面积、农作物产量、受灾面积等来间接反映人工消雹作业效果(Crow et al.，1979)。统计对比检验法有多种检验方案可以选取，多元化的检验方案使得统计对比检验法能从多方面对比检验出人工消雹作业的效果。

但依据这种统计对比方法做出的结果具有很大的局限性。雹暴天气的产生受天气、气候、地形等多方面制约。为检验人工消雹作业效果的可靠性，还需要判断这种差异性结果是自然因素造成的还是人为因素导致的，这就需要再对结果做显著性检验分析。

统计对比检验的基础是设立试验区与对比区，能通过对比试验的方法快速检验人工消雹作业的效果。但是雹暴云是一种短时、局地且重复性低的天气过程。选取试验区与对比区难度较大，且结果的可靠性较低。一般选取两块降雹次数和灾害程度相差不大的地区作为试验区与对比区。青海民和县气象站(1975)的工作人员指出，雷雨云出现的次数越多，降雹的次数也越多。所以也可以选取两块雷雨云出现次数相仿的地区进行对比实验，同时对比进行人工消雹作业的试验区与对比区的差异，分析人工消雹作业的效果。

1. 参数检验

统计对比检验法还大量运用数学的检验方式来分析人工消雹作业的效果。对于样本时间不长，但是该时间长度横跨人工消雹作业开展前后的单一地区，一般采用 T 检验法。这种检验方法适用于防雹前后资料时间连续，统计的量需符合正态分布，且两个变量的方差未发生改变，资料样本容量须小于等于 30。在检验防雹效果的方差是否发生改变时，多利用 F 检验法检验人工消雹作业效果的可靠性。

Smith 等(1996)利用 1924～1988 年美国北达科他州谷物雹灾保险资料分析了人工影响云计划开展前(1924～1975)后(1976～1988)谷物受雹灾的影响面积，结果表明人工效果作业使受灾面积减少了 45% 。

新疆博乐垦区在 1989 年开始实施人工消雹(李斌和胡寻伦，2006)。有统计的资料时间为 1976～2003 年。实施人工消雹前后的播种面积、受灾面积及受灾比例如图 6.5 及表 6.3 所示。

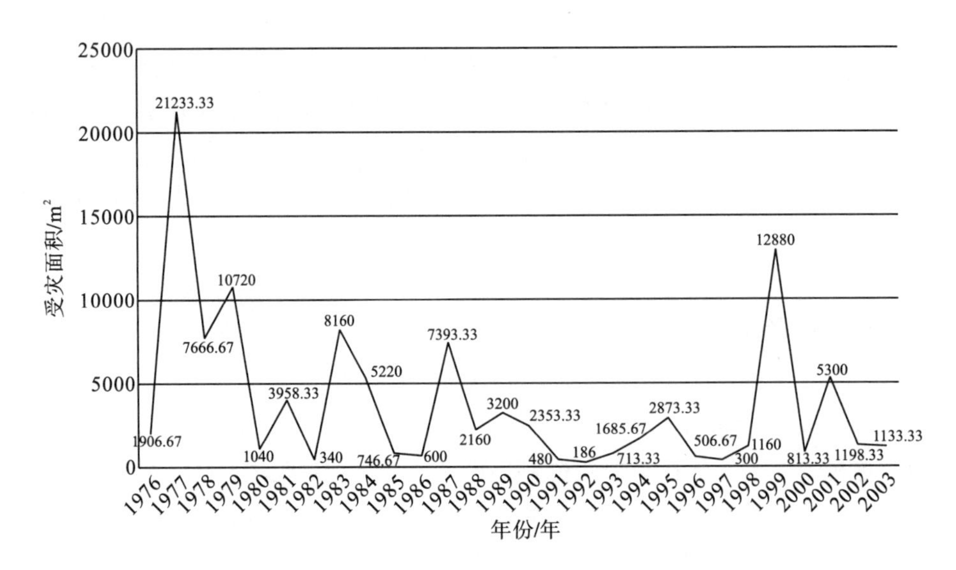

图 6.5 1976～2003 年博乐垦区雹灾面积时间序列

表 6.3 实施人工消雹前后雹灾面积对比

	1976～1988 年	1989～2003 年
总播种面积 /hm²	331906.67	646646.67
总受灾面积 /hm²	71140	34900
受灾比例 /%	21.43	5.4

前13 年未开展人工消雹时受雹灾的平均面积为 x_1=5472.31hm²；开展人工消雹后的 15 年间，受雹灾的平均面积为 x_2=2326.67 hm²。计算得出防雹作业后年均受灾面积减少 3145.64hm²，相对年平均受灾面积减少 57.48%。

首先对雹灾资料进行 T 检验。由于在人工防雹作业中只关心冰雹灾害是否减少，因此一般采用单边 T 检验。

将 1976～2003 年的雹灾面积资料作为统计资料，并检查其是否符合正态分布。

$$y_0 = \sqrt{n}D_n(x) \approx 0.68 \tag{6.5}$$

小于给定的显著性水平为 0.05 的值 $y_{0.05} = 0.83$，该结果表明历史期年雹灾面积符合正态分布，其配合适度为

$$P\left[\sqrt{n}D_n \geqslant y_0 : 1 - k(y_0)\right] = 0.74 \tag{6.6}$$

运用 F 检验法，对人工消雹作业前后的雹灾面积方差的变化做显著性检验。计算得出 $F \approx 3.28$，通过了信度为 0.05（$F_{0.05} = 3.80$）的显著性检验，结果表明人工消雹作业并未改变总体的方差。

利用 T 检验的公式得到

$$n_1 = 13;\ n_2 = 15;\ \overline{x_1} = \frac{1}{n_1}\sum_{i=1}^{n_1} x_{1i} = 5472.31;\ \overline{x_2} = \frac{1}{n_2}\sum_{i=1}^{n_2} x_{2i} = 2326.67; \tag{6.7}$$

$$s_1^2 = \frac{1}{n_1 - 1}\sum_{i=1}^{n_1}(x_{1i} - \overline{x_1})^2 = 34149201.3086;\quad s_2^2 = \frac{1}{n_2 - 1}\sum_{i=1}^{n_2}(x_{2i} - \overline{x_2})^2 = 10523009.5619 \qquad (6.8)$$

式中，n 为样本容量；$\overline{x}$ 为平均值；s^2 为方差。

将资料计算后得出 $t = 1.7953$ 。T 检验中信度在 0.05 时 $t_{0.05} = 1.706$ 。得到 $t > t_{0.05}$ ，结果表明，人工消雹作业使受雹灾影响的面积显著减少。

利用 T 检验法，检验在实施人工消雹作业前后雹灾面积的变化效果较为明显。同时王黎俊等(2012 年)利用分段讨论的方法检查了青海东部农业区的人工消雹效果。将 1961～2010 年分为非作业时段(1961～1977 年)、开展人工消雹作业初期(1978～1990 年)及后期(1991～2010 年)。通过一元线性回归及多元线性回归分析雷暴和降雹数的变化趋势，来分析人工消雹作业的效果。结果表明，非作业时段，雷暴及降雹次数呈现上升趋势；在人工消雹作业开展初期未出现显著的减少趋势，未能检验出显著的人工防雹效果；而在 1991～2010 年减少趋势显著，通过了 0.001 信度的显著性检验，人工防雹效果显著(图 6.6)。

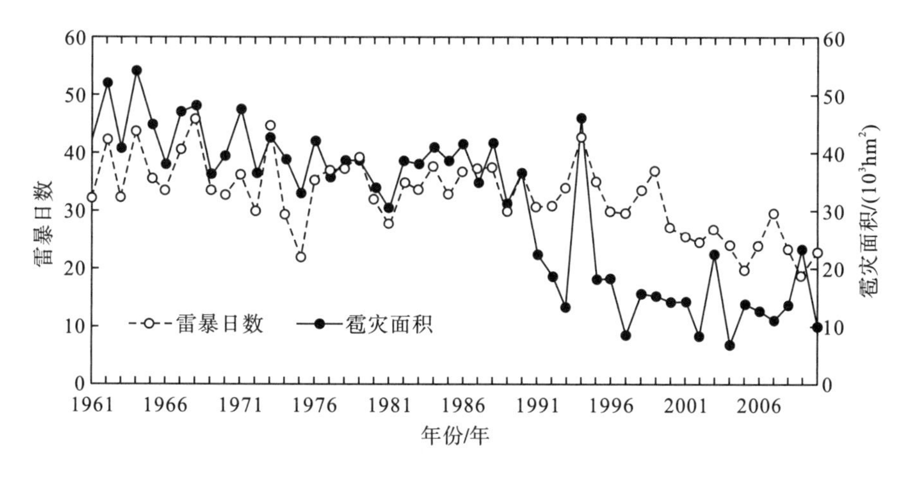

图 6.6　1961～2010 年 6～9 月雷暴日数和雹灾面积的年际变化

2. 非参数检验

在资料时间足够且连续，资料分布符合正态分布的情况下，可以使用 T 检验法来检验人工消雹的效果。但是有可能遇到资料时间不够长、资料非连续，或者不清楚资料服从何种分布的情况。这时就可以采用不对称秩和检验法。而按照秩和检验则需要将样本重新排序(表 6.4)。

表 6.4　以年雹灾面积为统计变量的防雹效果秩和检验表　(单位：hm^2)

秩次	年份	消雹前	消雹后	秩次	年份	消雹前	消雹后
1	1992		186	3	1982	340	
2	1997		300	4	1991		400

续表

秩次	年份	消雹前	消雹后	秩次	年份	消雹前	消雹后
5	1996		506.67	17	1990		2353.33
6	1986	600		18	1995		2873.33
7	1993		713.33	19	1989		3200
8	1985	746.67		20	1981	3953.33	
9	2000		813.33	21	1984	5220	
10	1980	1040		22	2001		5300
11	1998		1160	23	1987	7393.33	
12	2002		1193.33	24	1978	7666.67	
13	2003		1133.33	25	1983	8160	
14	1994		1686.67	26	1979	10720	
15	1976	1906.67		27	1999		12880
16	1988	2160		28	1977	21233.33	

计算开展人工消雹之后的秩和

$$T=1+2+4+5+7+9+11+12+13+14+17+18+19+22+27=181 \tag{6.9}$$

当$n_1,n_2>10$时，T基本符合正态分布

$$N\left(\frac{n_1(n_1+n_2+1)}{2},\sqrt{\frac{n_1n_2(n_1+n_2+1)}{12}}\right) \tag{6.10}$$

用正态分布来检验效果

$$u=\frac{T-\text{均值}}{\text{标准差}}=\frac{T-\dfrac{n_1(n_1+n_2+1)}{2}}{\sqrt{\dfrac{n_1n_2(n_1+n_2+1)}{12}}} \tag{6.11}$$

在显著水平为 0.05 的情况下，双边检验的区间为(−1.96，1.96)，单边检验的区间为[−1.64，1.64]，若u值在这个区间之外，则差异较为显著；若在区间内，则不显著。

利用该原理，带入参数得出$u\approx-1.68$。因此，对于单边检验u值并未落在区间之中。结果表明，开展人工消雹前后兵团农五师垦区受灾面积变化明显，人工消雹对减少雹灾面积具有积极作用，人工消雹业务效果显著，显著性水平为 0.05。这两种效果检验方法都表明在进行人工作业后雹灾的区域得到了显著的限制。

统计分析检验法利用多年的冰雹数据分析得出人工消雹作业是否产生了阶段性的成效。这种方法建立在多年的气候、季节等因素基本一致的情况下，但是实际上这种假设很难满足，这就降低了这种方法的可靠性。利用显著性检验基本查明了这些因素的干扰是否有可能影响结论。如何消除或减少这些因素带来的影响是统计分析法的难题，同时也是这种方法改进的方向。

6.3.2　物理参数检验法

随着现代化观测仪器的进步，人们开始尝试使用新型气象雷达资料(Browning and Atlas，2010)，通过对比人工消雹作业前后的雷达回波来判定该次作业的效果，这种方法能更为直观地表现出人工消雹作业后雹暴云中的一些物理量变化。这种方法能精确地判断单次作业的效果(Brant et al.，2010)。这种物理参数的检验方法相较于统计对比分析法，其检验结果更加科学，分析过程更加直观。但因探测设备受地形条件及天气状况的约束，对于雷达探测范围外的雹暴天气无法统计分析和检验。

雹暴云在 PPI 上具有独特的雷达回波特征，检验人工消雹的效果仅需关注这些具有雹暴云特征区域的变化(表 6.5)。如果这些特征在进行人工消雹作业后发生了极大的改变，就可以认为作业的效果显著。

表 6.5　雹暴云 PPI 回波特征(张培昌等，2001)

PPI	特征描述
V 型缺口	大冰雹粒子对雷达回波具有强的衰减作用，雷达探测的电磁波不能穿透主要的冰雹区，就会在冰雹区的后半部分形成 V 型缺口
钩状回波	在云中下部的上升气流区内缺少大离子的存在，会形成一个弱回波区，反映在 PPI 上就是一个向云内凹陷的钩状回波
指状回波	在主回波区延伸出形如手指的区域，但是尺度较小，而且在其与主回波的连接处具有很强的反射率梯度值
人型回波	在两种性质和速度不同的气团边界上，相互扰动造成旺盛发展的对流天气
弓型回波	一种快速运动并向前凸起的强对流回波，由于其形如弓箭而得名
尖峰回波	冰雹云中沿强回拨中心径方向延伸出去的尖峰
合并回波	两块对流云的合并也有可能产生冰雹

对于检验人工消雹效果的物理参数，一般选用与雹暴云生长过程有关的全增益雷达回波顶高度、回波宽度和 45 dBZ 强回波顶高度等(表 6.6)。当人工消雹作业前后，这些物理量存在明显的变化时，可以认为人工影响对雹暴云产生了作用。同时依照这些物理量，可以判定雹暴云中是否还存在冰雹产生的条件。这些物理量也能较为直观地表明人工消雹作业的效果。

表 6.6　防雹作业时间及云顶高度、45dBZ 高度及回波宽度随时间的变化(李金辉等，2011)

	雷达观测时间							
	17:12	17:15	17:17	17:22	17:30	17:37	17:44	17:52
云顶高度/km	13.93	12.63	12.63	12.23	12.93	11.83	13.73	13.13
45dBZ 高度/km	12.73	12.23	12.03	11.23	12.13	11.23	12.63	12.23
回波宽度/km	18	21	20	21	15	16.4	13.6	17.4
作业时间	17:12～17:14		17:19～17:21		17:31～17:33		17:45～17:50	

同时还可以观测作业前后一些与冰雹生长有关参数的变化情况，例如，根据雹云中的环境温度廓线以及风廓线的变化可以推测出云中环境是否适合冰雹的生长。还可以利用雷达产品直观地看出雹云中各类粒子的分布情况。对于雹暴云的检验也有突出的效果。有实验表明，可以利用三体散射推测冰雹的大小(Zrnic et al.，2009)。冰雹的大小是其灾害程度最直观的参数之一，若在人工消雹前后或在作业区与未作业区之间发现冰雹的个数与大小发生了较为明显的变化，也可以作为人工消雹作业效果的体现(图 6.7)。

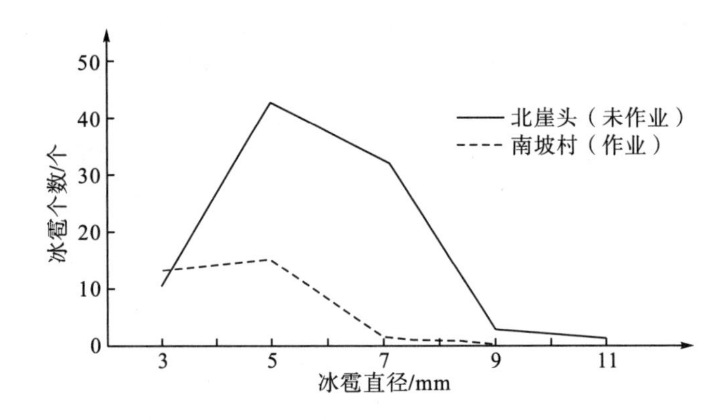

图 6.7　两个测雹点雹谱曲线演变图(陈保国等，2003)

6.4 小　　结

本章主要对人工消雹的技术原理、作业过程及效果检验进行了详细的介绍。自 20 世纪 40 年代开始，各国相继开展了大量的人工消雹试验。这其中以美国的飞机撒播试验、苏联的高炮消雹试验及法国的地面燃烧试验为代表。这些试验基本奠定了现代人工消雹的基础理论与方法。我国从 20 世纪 50 年代开始也开展了许多人工消雹试验，其中效果最好的是利用苏联的高炮技术实现的人工消雹。随着现代化技术的进步，人工消雹作业已逐渐进入信息化时代。数字化人工消雹作业平台将繁杂的作业过程用单一系统进行操作，并智能化地提供多种技术服务，使人工消雹作业更加科学、高效。但目前来说人工消雹依旧存在许多技术性难题。例如：雹暴的预警技术依旧存在诸多不稳定因素，如何将冰雹预警的时间拉长、准确性提高，是当下面临的一个技术难题；在观测设备与观测技术上，如何精确定位对流云中的雹区也是当下面临的一个重要问题，这关系到能否精确有效地开展消雹作业；对人工消雹的效果检验依旧是难题之一，对于传统的统计对比检验法，由于其高度依赖数学的发展，在没有新的、更加行之有效的方法出现前，该方法已没有过多的改进空间。当下需要用新资料、新方法来大力发展物理参数检验法，让人工消雹的作业效果变得更加直观，进而形成更加科学、客观的人工消雹效果评价体系。这将有利于推动人工影响天气研究的进步，使未来的天气气候变得更加可控，使强对流天气过程朝着社会和国家期望的方向发展。

参考文献

陈保国，栗珂，樊鹏，等，2003. 陕西旬邑冰雹谱特征和防雹效果分析[J].陕西气象，2：8-12.

段英，许焕斌，2001.爆炸防雹中的云微物理机制的探讨[J].气象学报，3：334-340.

郭学良，2010. 大气物理与人工影响天气[M].北京：气象出版社.

洪延超，1998. 三维雹暴云催化数值模式[J].气象学报，6：641-653.

洪延超，1999. 冰雹形成机制和催化防雹机制研究[J].气象学报，1：30-44.

洪延超，肖辉，李宏宇，等，2002. 雹暴云中微物理过程研究[J].大气科学，26(3)：421-432.

黄燕，徐华英，1994. 播撒碘化银粒子进行人工防雹的数值试验[J].大气科学，18(5)：612-622.

黄美元，徐华英，周玲，2000. 中国人工防雹四十年[J].气候与环境研究，5(3)：318-328.

黄美元，1980. 人工防雹导论[M].北京：科学出版社.

李斌，胡寻伦，2006. 新疆博乐垦区人工防雹效果的统计评估[J]. 气象，32(12)：56-60.

李斌，胡寻伦，高子毅，2008. 新疆兵团两个垦区防雹效果的物理统计评估[C]// 全国云降水与人工影响天气科学会议暨中国人工影响天气事业 50 周年纪念大会.

李金辉，岳治国，李家阳，等，2011. 两块冰雹云催化防雹效果分析[J]. 高原气象，30(1)：252-257.

李云川，张文宗，王建峰，等，2005. 数字化雷达人工影响天气作业指挥系统[J]. 气象科技，33(3)：264-267.

青海民和县气象站，1975. 防雹效果检验初步分析[J]. 气象，4：16-17.

陶玥，洪延超，2005. 云中粒子谱变化对云及降水影响的数值研究[C]// 全国云降水物理和人工影响天气科学会议.

王黎俊，银燕，郭三刚，等，2012.基于气候变化背景下的人工防雹效果统计检验：以青海省东部农业区为例[J].大气科学学报，35(5)：524-532.

吴蓁，俞小鼎，席世平，等，2011. 基于配料法的“08.6.3”河南强对流天气分析和短时预报[J]. 气象，37(1):48-58.

肖辉，吴玉霞，胡朝霞，等，2002.旬邑地区雹暴云的早期识别及数值模拟[J]. 高原气象，21(2)：159-166.

许焕斌，段英，刘海月，2004. 雹云物理与防雹的原理和设计[M]. 北京：气象出版社.

许焕斌，段英，2000. 防雹现状回顾和新防雹概念模型[J]. 气象科技，28(4)：1-12.

许焕斌，1979. 关于爆炸影响气流的力学效应[J]. 气象，10：26-29.

张培昌，杜秉玉，戴铁丕，2001. 雷达气象学[M]. 北京：气象出版社.

章澄昌，1998. 当前国外人工增雨防雹作业的效果评估[J]. 气象，24(10)：3-8.

周非非，肖辉，黄美元，等，2005. 人工抑制上升气流对雹暴云降水影响的数值试验研究[J]. 大气科学学报，28(2)：153-162.

Abshaev M T，Abshaev A M，Malkarova A M，2007. Radar Estimation of Physical Efficiency of Hail Suppression Projects[C]//9th WMO Scientific Conference on Weather Modification. Antalya：228-231.

Abshaev M T，Abshaev A M，Malkarova A M，2012. Estimation of antihail projects efficiency considering the tendency of hail climatology change[C]//10th WMO Conf. Weather Mod.，Bali，Indonesia. WWRP 2：1-4.

Brant F G，Rinehart R E，Crow E L，2010. Results of a randomized hail suppression experiment in northeast Colorado. Part IV：analysis of radar data for seeding effect and correlation with hailfall[J]. Journal of Applied Meteorology，18(12)：1589-1600.

Brant F G，Charles G W，James C F，et al.，2010. Results of a randomized hail suppression experiment in northeast Colorado. Part VII：seeding logistics and post hoc stratification by seeding coverage[J]. Journal of Applied Meteorology，18(12)：1589-1600.

Brant F G, Knight C A, 1979. Results of a randomized hail suppression experiment in northeast Colorado. Part I: design and conduct of the experiment[J]. Journal of Applied Meteorology, 18(12): 1569-1582.

Browning K A, Foote G B, 1976. Airflow and hail growth in supercell storms and some implications for hail suppression[J]. Q.j.r.meteor.soc, 102(433): 499-533.

Browning K A, 1976. Structure of an evolving hailstorm, Part V : synthesis and implications for hail growth and hail suppression[J].Mon.wea.rev, 104(104): 603-610.

Browning K A, Atlas D, 2010. Some new approaches in hail suppression experiments[J]. Journal of Applied Meteorology, 16(4): 327-332.

Crow E L, Long A B, Dye J E, et al., 1979. Results of a randomized hail suppression experiment in northeast Colorado. Part III: analysis of hailstone size distributions for seeding and yearly effects[J]. Journal of Applied Meteorology, 18(12): 1559-1568.

Dessens J, 2010. A physical evaluation of a hail suppression project with silver iodide ground burners in southwestern france[J]. Journal of Applied Meteorology, 37(37): 1588-1599.

Goyer G G, 1965a. Effects of lightning on hydrometeors[J].Nature, 206(4990): 1203-1209.

Goyer G G, 1965b. Mechanical effects of a simulated lightning discharge on the water droplets of 'old faithful' geyser[J]. Nature, 206(4991): 1302-1304.

Hsu C F, Changnon S A, 2010. On the evaluation of operational cloud seeding projects[J]. Jawra Journal of the American Water Resources Association, 19(4): 563-569.

John E Oliver, 2008. Encyclopedia of World Climatology[M]. Berlin: Springer Science & Business Media.

Knight C A, Knight N C, 1979. Results of a randomized hail suppression experiment in northeast Colorado. Part V: hailstone embryo types[J]. Journal of Applied Meteorology, 18(12): 1583-1588.

Li H Y, Hu Z X, Xiao H, et al., 2003. Numerical studies of the practical seeding methods in hail suppression[J]. Chinese Journal of Atmospheric Sciences, 27(2): 212-222.

Krauss T W, Santos J R, 2004. Exploratory analysis of the effect of hail suppression operations on precipitation in Alberta[J]. Atmospheric Research, 71(1): 35-50.

Oliver J E, 2008. Encyclopedia of World Climatology[M]. Berlin:Springer Science & Business Media.

Sioutas M V, Rudolph R C, 1998. Key variables to access seeding operations on the Greek national hail suppression program[J]. Rsc Advances, 30(7): 22-29.

Smith P L, Johnson L R, Priegnitz D L, et al., 1996. An exploratory analysis of crop hail insurance data for evidence of cloud seeding effects in north dakota[J]. Journal of Applied Meteorology, 36(5): 463-473.

Swanson E R, Sonka S T, Taylor C R, et al., 2010. An economic analysis of hail suppression[J]. Journal of Applied Meteorology, 17(10): 1432-1440.

Waldvogel A, Federer B, Schmid W, et al., 1978. The kinetic energy of hailfalls. part ii: radar and hailpads[J]. Journal of Applied Meteorology, 17(11): 1680-1693.

Waldvogel A, Schmid W, Federer B, 1978. The kinetic energy of hailfalls. Part I: hailstone spectra[J]. Journal of Applied Meteorology, 17(4): 515-520.

Weiss, Christopher C, Bluestein, et al., 2006. Finescale radar observations of the 22 May 2002 dryline during the international H2O project (IHOP)[J]. Monthly Weather Review, 134(1):273-293.

Xu H, Duan Y, 2001. The mechanism of hailstone' s formation and the hail-suppression hypothesis: beneficial competition[J]. Chinese

Journal of Atmospheric Sciences，25(2)：277-288.

Zakrisson B，Wikman B，Häggblad H A，2011. Numerical simulations of blast loads and structural deformation from near-field explosions in air[J]. International Journal of Impact Engineering，38(7)：597-612.

Zrnic D S, Zhang G, Melnikov V, et al., 2009. Three-Body scattering and hail size[J]. Journal of Applied Meteorology & Climatology, 49(4)：687-700.